奋斗的人生无弯曲

别再为小事抓狂

拼一个春夏秋冬！赢一个无悔人生！

何礼超 编著

文汇出版社

图书在版编目（CIP）数据

奋斗的人生无弯曲 / 何礼超编著.-上海：文汇出版社，
2016.1

ISBN 978-7-5496-1413-4

（别再为小事抓狂）

Ⅰ.①奋… Ⅱ.①何… Ⅲ.①人生哲学－通俗读物

Ⅳ.①B821-49

中国版本图书馆CIP数据核字（2015）第266149号

奋斗的人生无弯曲

编　　著 / 何礼超

责任编辑 / 甘　棠

特约编辑 / 東　枋　李西贤

装帧设计 / 哥哥Design

出 版 人 / 桂国强

选题策划 / 蔡建光

出版发行 / 文匯出版社

上海市威海路755号

（邮政编码200041）

经　　销 / 全国新华书店

印刷装订 / 北京高岭印刷有限公司

版　　次 / 2016年1月第1版

印　　次 / 2016年1月第1次印刷

开　　本 / 710×1000　1/16　字数 / 182千　印张 / 16

书　　号 / ISBN 978-7-5496-1413-4

定　　价 / 29.80元

序

　　每天用点琐碎的时间来阅读，久了，就会集腋成裘。在我们的有限生涯中，认知是无限的，唯有阅读才能最快地增长你的智慧，让你充满自信，神采奕奕……

　　我们不知一粒沙从何处刮来，只知道它是一把神奇又无情的刻刀，经过几万年，在天地间创造出的奇迹，巨石成土，历劫着繁华之都衰败成荒凉的废墟，又目睹了荒漠变成城市和园林、雪亮的金属爬满锈迹、青年的额头刻下一道道皱纹……沙粒虽小，却在历史的洪流中见证了一切！同样，我们一篇小小的故事，也如浩渺人文长卷里的一粒沙般，不仅仅是见证，而是蕴含了人间最质朴的真理。如果你能在阅读这本短文集时多加思考，也许一则则小故事、小寓言就会变成金子般可贵。

　　我们每天都在为生活变得美好而努力着，但有时你无力改变外在大环境，这时，你不妨在自己的心中营造一泓外人无法入侵的宁静之湖。如果你能在看似慌乱的社会中保持一颗平和的心，你将会过得比别人更幸福。

心灵的宁静，源于智慧！多注意一些细微之物，让它们都变成我们生命中的智慧之泉！

在生活中，很多平凡的小事，往往给我们无限的缅怀，它的一点点光芒，一点点小启示，足以成为改变你思维、生活方向及生命质量的"触点"。

"别再为小事抓狂"系列，从古今中外卷帙浩繁的书籍报刊中，精选数帧小故事，每一辑都能为奔波在生活线上的人们提供些许省思：或是茶余饭后，或是睡前小读，或是舟马劳顿的间隙……只要随意翻开一页，读上几十秒，相信它给你带来的，不仅仅是莞尔一笑，更多的则是一种全新的开悟。

细细品读，让它变成一本丰润你的心灵、完善你的生活态度的启示录。

卷六　　别等到失去了才后悔莫及

　　为了实现珍贵的梦想，你一直都在努力地奔跑着。当你跑累了，在夜深人静时回首往事，蓦然发现自己其实并没有真正得到过什么。原来，你在得到的同时也在失去。你得到了稳重，失去了纯真；得到了财富，失去了时间；得到了新朋友，失去了老朋友……你明白了这样一个道理：世界上没有什么是永垂不朽的，更没有什么能被永远地握在手心里，你能拥有的只有此时此刻。于是，你学着让自己去珍惜，惜取眼前的一切人和事。

卷七　　你是颜色不一样的烟火

　　不管是不停地追逐梦想，还是努力地付出，你的最终目的其实都是要实现自己的人生价值，成为那个最好的自己。人，生而不完美，诸如有时候遭遇性格、智力甚至是生理方面的缺陷，因为这些缺陷，你或许曾经自卑和彷徨过，甚至从来都不敢正眼瞧过自己。可是，为了梦想你并没有放弃自己，一直坚持走到了今天。你终于明白了，如果一定要说有完美的人生，那么正是这些缺陷成就了完美，成就了今天独一无二的你。

卷一

总有光芒照着你走下去

卷一

总有光芒照着你走下去

　　艰难地跋涉在一条幽暗曲折的人生道路上，每次快要走不下去时，你都要这样问自己：我当初究竟为了什么而起程？

　　我们一直是想得到点什么的，例如成长，例如友情，例如爱情和事业……所有这些你的理想与信念，总有那一点点光亮指引着你继续走下去。

信念无高下之分

只要能把一个信念坚持到底，即使废物也能变成宝。

他是穷人家的孩子，住在偏僻郊区的一个垃圾场附近。

小学三年级的时候，他在放学路上捡到了一只易拉罐，碰巧收破烂的路过，他做成了人生第一笔交易。虽然赚到的只是 1 毛钱，但这令他高兴了一整天。在那以后，他敏锐地发现人们丢弃的废物其实都是宝物。

从小学到高中，他卖过的废纸超过 9745 公斤，易拉罐 4762 只，酒瓶 3143 只，塑料包装袋 981 公斤。不管同学或者路人如何嘲笑他，他都不以为意。读书期间，他从未向家人要过钱，学习成绩也没有因为捡废品而受到影响。相反，因为知道赚钱辛苦，他学习更加刻苦努力。

后来，他顺利地考入了理想的大学。读大学的几年间他也一直捡着废品。

一次，在一幢别墅前的草坪上，他看见了一只易拉罐，弯腰捡起来的时候，抬头看到别墅的阳台上站着一位外商模样的人对着他微笑，并竖起大拇指赞许着他。他很谦虚地用流利的英文向外商打了个招呼，外商惊讶极了，他没想到这小伙子的英语口语竟这么纯正！

外商很兴奋，因为他家正需要一位像小伙子一样懂得说英文的草坪保洁员。

就这样，他利用课余时间去给这个外商当草坪保洁员，四年下来净赚了 4 万美金。

快毕业时，他成功申请成立了一家草坪保养公司，公司的业务从刚开始的外商家庭，延伸到了普通住宅小区，后来，经营范围不断扩大，从单一的草坪护理到经营肥料、除草仪器以及各种除草化学用品等。

随着公司的不断发展，整个市区的保洁工作几乎都被他的公司承包下来，而那个曾经因为捡到一个易拉罐而敏锐地发现商机的穷小子最后成了当地的千万富翁。

心灵人生 🔍

每个人都会有想法，但并非都能变成信念。所谓信念，就是一种不会被轻易改变的理念。相信废物只是被放错了位置的宝物，并排除万难把这种信念执行下去，时机一到便会成功。拥有信念不容易，把信念义无返顾地执行下去更不容易，所以能得到幸运之神眷顾的人也就少之又少了。

02 让梦想陪伴一生

如果有梦想，那就努力去捍卫它，不管它在别人眼里是高远还是卑微。

一位小学老师给他的学生布置作业，要求学生以《我的梦想》为题写一篇作文。

孩子们都写下了自己的梦想，有的说要成为科学家，有的说要成为医生，也有的说要成为航天员，甚至有的说要成为总统。孩子们的理想都很高远，虽然不知道这些真的是孩子们的理想，还是仅仅为了应付，但老师看了感到很高兴。

在孩子们的作业中，老师发现了一份比较特别的，是一个叫蒙迪·罗伯特的孩子写的，他的梦想是当一个农场主。之所以说特别，是因为这孩子的梦想比较切合实际，写得很详细，并画了一份草图。

老师觉得这是孩子的真实想法，便在作业本上批阅："你的梦想很棒，老师相信你日后一定能实现它，到时老师会带领学生们亲自去参观你的农场。"

十多年过去了，有一天，那位已经有了白发的老师收到了一封信，信上写道："亲爱的老师，我真诚地邀请您和您的学生来参观我的农场。"信的落款是"蒙迪·罗伯特"，上面还附上了农场的详细地址。

一个周末，老师带着孩子们来到了蒙迪·罗伯特的农场。原来，蒙迪·罗伯特口中的农场已经不仅仅是农场那么简单了，已经算得上是一个牧马场，它占地两百英亩，里面有马厩、跑道和种植园，还有许多房屋。

"老师，谢谢您，"蒙迪·罗伯特兴奋地握着老师的手说，"要不是您当年对我的肯定，我今天不可能实现我的梦想。"蒙迪·罗伯特说着激动地拿出当年的那本作业本递给老师看。

"你能实现自己的梦想，老师为你自豪。"老师欣慰地说，"不过，你要感谢的人不是我，而是你自己。"

```
心灵人生   Q
```

每个人都曾有过梦想，特别是小时候。然而，儿时的梦想大都不切实际，因为儿时的我们多半不了解自己，还不知道自己想要的是什么。不过，如果谁能从那时起就把梦想坚持到长大，即使仍没有实现，他也足可以与成功人士相媲美了。

03 梦想越苦越甜蜜

人人都需要梦想，因为梦想是我们前进的动力，是我们心灵的航标，坚守它，人就会一直充满希望。

杰克·伦敦于 1876 年在美国旧金山出生，从小他就有一个梦想：长大后成为一名作家。

　　不幸的是，家里很穷，他从小就得为生活奔波。八岁时，他到牧场当牧童；十岁时，开始当报童和码头小工；十四岁时，他到了一家罐头厂，每天从事着简单而辛苦的工作。

　　日子虽苦，却并没改变他的初衷。他热爱阅读，没钱买书就跟别人借，或是跑到公共图书馆去免费阅读。要是读到了好句子，他就立刻抄写在自己随身携带的小本子上。为了方便记忆，他还把这些"金句"制作成卡片，或贴在床头，或插在镜子缝隙里，或挂在晾衣绳上。

　　二十四岁时，他义无返顾地走上了写作之路。

　　万事开头难，事情并没有他想象的那么顺利，他的稿子一篇接一篇地被退回来，他为此沮丧透顶，开始有些动摇了。

　　有一天，杰克·伦敦来到一个采石场，看见一个工人正在敲打着一块石头。

　　工人抡起锤子，挥动着双臂用力地往石头上敲去，但石头纹丝不动。工人重复着同样的动作，石头与锤子碰撞发出的"叮当"声不绝于耳。"这么大的一块石头能被敲碎吗？"杰克·伦敦边看边怀疑这一点。

　　当工人敲了三十几下时，石头忽然"砰"的一声碎裂了。那一刻，杰克·伦敦的心灵受到了极大的震撼："原来做任何事都不可能一蹴而就，我为何不学习一下这个敲石工，继续用我的稿子去'敲打'出版社的大门呢？"

　　抱着这种信念，杰克·伦敦最终真的敲开了理想的大门，成为了享誉全球的作家。

心灵人生 🔍

　　人必须要有理想，不管它是什么。人生无法一帆风顺，我们过的都是苦日子，日子越苦，我们就越需要理想来调剂。理想从来都不分对错，只分坚持与放弃。被称之为"理想"的东西，从来都不容易达成，它需要你一次又一次地坚持，直到最后你才能成功，否则理想只能是空想。

04　别忘了你的梦想

不管一个人的眼睛有多明亮，如果他没有梦想，那他永远也看不清自己前进的道路。

　　在又一批学生临近毕业时，学校一位德高望重的老教授忽然眼睛失明了。

　　学生们为教授感到难过，纷纷前去看望。老教授对每一个前来看望他的学生都表示感激，同时都会问他们"你是谁""学什么专业""毕业后打算从事什么工作"等等这样的问题。学生们知道老教授很关心他们，都把自己的情况和想法详细而如实地告诉了老教授。

　　老教授一边听一边点头，他发现几乎每个学生都胸怀壮志，都想成就一番事业，这让他很高兴。"你们可千万别忘了这些说给我的话，也别以为我老了就可以欺骗我，"老教授说，"你们要努力地去实现你们的梦想，知道吗？"

学生们都回答说一定会永远记得。

然而，就在举行毕业典礼的那一天，老教授的眼睛竟奇迹般地"复明"了。

"在我双目失明、意志消沉的时候，你们用自己的理想与抱负让我重新变得积极起来，甚至也让我的眼睛再次看见了光明。"老教授如此高兴地对学生们说，"在你们以后的人生路上，一定会遇到各种困难，就像眼睛失明了一样。但你们不要忘了你们此时怀揣的梦想，因为这些梦想会指引你们重见光明。"

心灵人生 🔍

如果有一样东西既能让你欢喜又能让你忧愁，这样东西一定就是梦想。如果人生没有梦想，便没有成功，当然也不会有失败。不管是得意还是失意，梦想始终让我们保有着一颗狂乱跳动的心。人生必须要有梦想，它不仅给你指引方向，还是你活在这世上的最好证明。

05 梦想的魔力

所谓梦想，就是尚未实现的愿望，因此才会有"追梦"之说，而这也正是梦想的本质和价值所在。

老比尔是一个魔术师，他每天都用自己的魔术给人们带来惊喜与快乐。

老比尔有两个经典魔术，其中一个是"穿山而过"，另一个是"空中飞人"。观众非常喜欢这两个魔术，他们想不明白，为什么老比尔能从山的一边瞬间走到山的另一边，更想不明白老比尔为什么能够飞起来。

老比尔老了，他的儿子小比尔接替了他。小比尔的表演像老比尔一样精彩，也赢得了人们的掌声与欢呼。

有一次，有不少观众问小比尔魔术中的秘密，小比尔便告诉了他们。观众知道魔术的秘密后，都"哦"的一声感叹起来。虽然他们早就知道魔术是假的，但没想到原来道理是这样的。小比尔想："既然观众对魔术的秘密这么感兴趣，如果我慢慢地把秘密告诉他们，一定能吸引更多的人来捧场。"

果然，当人们知道小比尔会不时地透露魔术的秘密后，便都来观看他的表演，大剧场里一时座无虚席。就这样，人们终于明白了老比尔那两个经典魔术的秘密。原来"穿山而过"的秘密在于山里有一条密道；

"空中飞人"的秘密则是表演者身上系着一条细细的钢丝。

对小比尔的这种做法，老比尔非常反对，但因为拗不过儿子，只能摇头叹气。

小比尔每天都准时在大剧场里演出，然而不知从哪一天起，来观看他表演的观众越来越少了，最后几乎没人再来观看了。

小比尔很伤心，便问老比尔为什么会这样。老比尔说："魔术给人们编织了一个美丽的梦境，你揭示了魔术的秘密，也就撕裂了人们的美梦，人们自然就没兴趣再看你的表演了。"

心灵人生 🔍

人们之所以会为梦想而痴狂，是因为梦想还没有被实现。我们都知道，

还未得到的东西总被认为是最美好的，一旦得到了，不管多珍贵，新鲜劲

儿一过就会腻烦，喜新厌旧是人类的本性。所幸的是，梦想可以不止一个，

一个梦想实现了，人们会赶紧给自己找第二个梦想，如此循环往复。

06 ▶ 锤炼你的理想

如果理想是一把宝剑，那么你要做的是就坚持不懈地锤炼它。

有个技术不甚高明的铁匠立志要锻造一把锋利的宝剑。

铁匠把又长又钝的铁条放入火炉中锻烧，直到烧得通红再拿出来锤

打。他深知，想要锻造一把宝剑，就一定要严格要求自己，不能有半点马虎和妥协。然而，他的技术十分有限，每次打出来的剑都不能让自己满意。

这时有同行给他泼冷水了："我们不过是普通的铁匠，充其量只能打造点锄头和铲子什么的，为什么偏要想打造一把宝剑呢？你这不是跟自己过不去嘛！"但铁匠不为所动，依然日锤夜打，刻苦钻研技术。

"既然现在还不足以锻造一把宝剑，那就先锻造出一把刀吧。"见宝剑还无法成形，他就又把铁条放进炭火中锻烧，取出来准备打成刀。但刀也锻造得不成气候，"既然还不足以锻造一把刀，那总能把矛锻造出来吧。"铁匠就这样反反复复把铁条打成各种各样的兵器。

有一天，他终于把一条黑不溜秋的铁条锻造成了把宝剑，之前嘲笑过他的同行都夸赞这的确是一把百年难遇的宝剑。

然而，又有人疑惑地问他："你花这么多的时间去打造这么一把不常用的剑，值得吗？"

"当然值得！"铁匠自豪地说，"从烧铁到打造的过程中，我不仅摸透了烧铁磨剑的技巧，还因此打出过各种各样的兵器，我的收获可大着呢！"

心灵人生 🔍

一个有理想的人不应该被嘲笑，特别是这些嘲笑他的人本身就毫无

理想。不过，有理想的人十分清楚，他所要做的就是忽略这些嘲笑，不惜

代价捍卫自己的理想，并努力去实现它。即使理想暂时无法实现也不沮丧，因为追梦者在追梦的过程中已经得到了很多。

07 用汗水浇出梦想之花

想要理想的种子长成大树，你既要让它接受阳光雨露的滋润，也要让它接受狂风暴雨的洗礼。

有两个年轻人，他们都胸怀理想，但却不知如何实现，于是便去求助一位智者。

"理想就像一颗种子，实现理想就是让种子发芽并长成大树。"智者说着给他们每人一颗种子，"这是两颗有魔力的种子，只要你们好好对待它，三年后，你们的梦想就会实现。"

两个年轻人领了种子，谢过智者后就各自回家。

三年后，两个年轻人如约前来见智者。

智者还没开口，其中的一个年轻人就抱怨说："我按照您的吩咐，好好对待您送给我的种子，但一直不见它发芽。"

"那你是怎么对待种子的？"智者问。

这个年轻人小心翼翼地拿出一个包裹着锦布的盒子，对智者说："我把种子收藏在这个盒子里，风吹不到雨淋不着，连老鼠也偷吃不到。"

智者对那年轻人微微一笑，没说什么，转头问另一个年轻人：

"那你呢？"

"我非常感谢您，这次想邀请您到我家去吃水果。"第二个年轻人说，"我把您给我的种子埋在土里，每天灌水施肥，现在我家后面的小山长满了果树，每棵树都果实累累。"

智者听后点头赞许，然后意味深长地对两个年轻人说："我给你们的其实就是普通的种子，如果只是守着它，不让它生根发芽、经历风雨，那它永远也结不出果实来。现在，我想你们都知道怎样去实现自己的理想了吧。"

心灵人生 🔍

人贵有理想，但有了理想并不代表就能实现它。有很多人常常把理想捧在手心，对它百般呵护，从不让它接受嘲笑与挫折，这样的理想从来都长不大。实现理想其实并没有什么秘诀，其第一要著就是行动。在实现理想的过程中难免要遇到各种困难，我们要做的，便是放手让理想自由飞翔。

08 希望助人挣脱绝境

有时候，希望如微弱的点点星光，但它却给了我们活下去的勇气和一种坚守的力量。

突如其来的暴风雨将正在大海上行驶的一艘船打翻了，船员伤亡无数。他幸存了下来，正坐在一只救生艇上，随着波浪颠簸起伏。

天色渐渐暗了下来，他不知此时身在何方，因为目之所及都是茫茫的海水，寒冷、饥饿与恐惧一齐向他袭来。他赶紧找出救生艇上的罐头充饥，这是他在茫茫大海中能得到的唯一食物。

他绝望地四顾着，突然发现不远处出现了一星闪烁的灯光，他顿时兴奋起来。"或许不远处是一艘船！"他奋力地划动救生艇，朝着那微弱的灯光划去。然而，那灯光虽然近在眼前，却似乎遥不可及，直到天亮他也没划到那里。

"既然划了这么远也没能到达，那灯光一定是从港口或城市建筑发出来的，到时有人发现我，我就能得救了！"他这样想了之后，生还的希望在心头熊熊燃起。白天的时候看不见灯光，他便好好休息，到了夜里一旦那灯光重新闪烁了，他便继续奋力地朝灯光划着。

就这样过了三天，每当饥饿、疲惫和寒冷轮流折磨他，让他快要放弃希望时，远处的那片灯光就会闪烁在他的眼前，他于是又重新振作起来，继续艰难而顽强地前进着。

第四天，由于严重脱水和体力不支等原因他昏迷过去了。然而，也正是在这一天的晚上，他被一艘船发现并救了起来。等他恢复神智的时候，大家才了解到他已经在大海上漂流了四天四夜。

"到底是什么让你坚持下来的？"有人这样问他。

"是那片灯光给了我希望和力量。"他伸手指着远方那一点闪烁的光芒说。

大家顺着他指的方向望去——那哪是什么灯光啊，不过是天空上闪烁的一颗星星而已！

心灵人生 🔍

有的人几乎一无所有，挣扎在死亡的边缘，但却能顽强地活着；有的人什么都有，但却整天过得生不如死。产生这种差别的根本原因就在于有没有希望和理想。如果一个人不知道自己为什么而活，那他即使拥有再多财富也毫无意义。

09 信念创造奇迹

人类的双脚能踩过每一座高山，踏遍世界的每一个角落，全是因为人类怀揣着不灭的信念与梦想。

一支由二十四人组成的探险队在亚马逊原始森林艰难地行走着。

此次探险充满了严峻的挑战：特殊的热带雨林气候、各种各样的危险野生动物等，都对探险队员的生命造成了威胁。许多队员由于身体不适和体力严重透支等原因，相继失去了联系。

搞清探险队具体情况是在两个月后：二十四人在跟疾病、迷路、饥饿以及恶劣的气候做斗争后，有二十三人不幸遇难，只有一人存活——约翰·鲍卢森，他是著名的探险家。

当时，约翰·鲍卢森患上了严重的哮喘病，茫茫林海中又找不到任何可以填饱肚子的食物，疾病与饥饿让他几次昏死过去，但每次苏醒过来时，他内心深处都充满了强烈的求生欲望，一个信念在心底呼喊：我必须要活下去。于是，他再一次站了起来，勇敢地与死神做顽强的抗争。

他靠着顽强的生存意志在荒无人烟的险恶森林里不断地坚持与摸索，终于在三天三夜之后被人发现。

在约翰·鲍卢森奇迹般生还后，来自世界各地的记者都争先恐后地去采访他，提出了人们最疑惑也最关心的一个问题："是什么令你幸运地存活下来的？"

他颇有深意地答道："世界上没有比人更高的山，也没有比脚更长的路。"

心灵人生 🔍

世上本没有路，走的人多了也便成了路。所以，只要有脚就会有路。人们能在无路的地方踩出一条路来，这本身就是一个奇迹。创造奇迹的，是不畏艰险的顽强与执着，即使在死神面前也敢放声歌唱。生命是人最宝贵的东西，只要你此时还活着，就要拼尽全力去捍卫它。

10 执着是信念的本源

真正执着的人，对于梦想而言，会有一颗永远也打不碎的自信心。

一个热爱雕塑、一心想成为雕塑家的年轻人，想师从自己很崇拜的一位雕塑家。但这位雕塑家招收徒弟的条件就像对待自己的每件作品一样严肃、苛刻。

雕塑家对年轻人说："如果你能雕塑出一件让我满意的作品，我就收你为徒。"

整整五年时间，年轻人每次交出辛苦完成且认为最好的作品时，雕塑家总是正眼也不瞧一下，直接就将作品打碎。年轻人的心就像他的雕塑一样，碎了满地。"难道这五年来，我没有一件作品是他瞧得上的吗？"年轻人很痛苦，不明白雕塑家为何如此残忍。

雕塑家把年轻人的绝望和疑惑看在眼里，但并不急于说明这五年来自己这样做的原因，而是说了这样一句话："你没有理由绝望，只要你的信心没有被我打碎。"

年轻人细细品味雕塑家的这句话，深有感悟。

于是，年轻人继续每天坚持雕塑，只要雕塑家打碎了他的一件作品，他便会马上重新雕塑另一件。"总有一天我会雕塑出一件让他满意的作品的！"年轻人不断地在心里提醒着自己，也不断地坚持每天拿新的作品给雕塑家过目。

有一天，当年轻人拿着自己心爱的作品来到雕塑家面前时，雕塑家眼前一亮，脸上露出了满意的微笑，最终把年轻人收入门下。

后来，年轻人终于成为了著名的雕塑家。

心灵人生 🔍

对于梦想，许多人都觉得是遥远而不可触及的，但有的人之所以实现了自己的梦想，除了努力付出的原因外，更多是因为他们有着执着的精神。这些人始终相信，只要坚定自己的信念，只要自己的信心没被现实击退，奇迹总会发生，曾经遥远的梦想也会慢慢变成现实。

11 奇迹只因不放弃

一个人只要不轻易放弃自己，幸运之神一定会眷顾他。

当所有人都不相信约翰·库缇斯能够活下来的时候，他却勇敢而精彩地活了下来。

约翰·库缇斯奇特的生理结构让人惊讶。他出生时只有矿泉水瓶般大小，四肢几乎没怎么发育，和青蛙一样细小，并且没有肛门排便。经过多次手术，尽管可勉强排便，但医生当时就断定他活不过多久。然而，他却奇迹般地闯过了一关又一关。

十八岁时，他截去了毫无作用的双腿，从此只有上半身，他不得不学会用双手代替双腿走路。

约翰·库缇斯热爱运动，非常渴望成为一名运动员。经过了常人无法想象的刻苦训练后，1994 年，他获得了澳大利亚残疾人网球赛冠军。或许是因为"冠军"的名号，也或许是因为他特殊的人生，越来越多的人知道了他的名字，他也非常乐意和大家分享自己的故事。

在一次公开演讲中，他问现场的听众："这里有谁曾经嫌弃自己的鞋子？"人群中，人们把手臂举得高高的。他用淡定而锐利的眼神看着人们，然后慢慢举起自己戴着的红色橡胶手套，严肃认真地对人们说："这是我穿的鞋子，你们愿意跟我换吗？恐怕没有吧！对我来说，就算是将我所有的财富换来一双可以穿在脚上的鞋子，我也愿意。那么现在，你们还有谁嫌弃自己的鞋子吗？"

约翰·库缇斯三十岁时，再次面临了一场生死考验。他患了癌症，癌细胞正在不断扩散。但他从未被这残酷的现实击垮，也从未对生活失去信心，勇敢而坚强地与病魔抗战。2000 年，他再次战胜了病魔。

如今，约翰·库缇斯结了婚，拥有着一个幸福美满的家庭。

心灵人生 🔍

这个世界充满了各种各样的不幸，每个不幸的到来或许都是一场灾难。然而，不幸并没有让我们从此倒下，反而让我们变得更加坚强。尽管这些不幸让我们每一天的生活过得都像一场战争，但只要我们怀着永不熄灭的信念，顽强地与命运抗争，我们便能活出属于自己的精彩人生。

12 ▷ 给自己一个支点

很多时候，一句话就能成为一个人活下去的支点，从而改变一个人的命运。

科学家在研究中发现，其实人的眼睛总是在不断地搜索着这个世界，从发现一个支点再到另外一个支点。如果在搜索中找不到任何一个支点的话，眼睛便会因为紧张而失明。

其实，这个道理不仅可以用在生理上，也可以用在心理上。

有个年轻人被判了终身监禁，他已经没了活下去的勇气，打算自我了断，结束自己的生命。就在他想这样做时，他犹豫了一下，这样对自己说："如果我能找到哪怕一个可以让我活下去的理由的话，我就不死。"

于是，他开始努力地回顾自己二十余年的人生，头脑中闪过了家人、亲戚、朋友、老师和同学。"他们有没有对我说过什么话，一句鼓励过自己的，并且让自己感动、温暖的话？"终于，他想起了一位美术老师对他说的话。

那时他还在上小学，为了完成老师布置的绘画任务，他乱涂乱画地"创作"了一副恶作剧之类的画交给了老师。老师看后并不批评他，反而赞美了他一句："虽然我不知道你画的是什么，不过你上的色彩真的很漂亮。"

这么多年过去了，他之所以能记住这句话，是因为他时不时会想起。

是的，他找到让自己活下去的支点了，他放弃了轻生的念头，并发誓要努力活下去。后来，他把自己的一些经历写成了一本书，最终成为了一个小有名气的作家。

心灵人生 🔍

我们之所以还活着，并不是因为我们怕死，而是因为我们确实想活下去，确实想在自己的人生中得到点什么。每个人的生命都需要一个支点，这个支点是你的精神支柱，它能让你继续勇敢坚强地活下去，让生命变得色彩丰富起来。

13 ▶ 动力源自内心的渴望

快速奔跑的人生无一例外地都有明确的目标，这也是他们永远生机勃勃的原因所在。

有一家健美俱乐部因为帮助过很多肥胖人士成功减肥而声名显赫。有位身材肥胖的男子非常想减掉那一身肥肉，于是来到了这家俱乐部。

办理了手续后，俱乐部的教练对他说："你明天不用过来，到时会有人到你家去告诉你怎么做的。"

果然，第二天一大早就有人来敲他家的门，只见一位漂亮性感的美女站在他家门口，对他微笑说："教练说，只要你能够追上我，我就是你的人了。"

男子听了非常高兴，二话不说便扭动着肥胖的屁股开始疯狂地追赶那位性感美女。然而，那美女跑得也太快了，男子胖得就像一个肉球，怎么也追不上。但是想到自己还没有女朋友，想着一定要追上眼前的美女，男子马上又使劲追起来。

经过几个月时间的追赶，男子跑得越来越快，有一天甚至差点就追上美女了。"明天再努力一把就能把这美女变成我的女朋友了。"他美滋滋地想，忘记了自己此时已经是一个身材匀称的帅小伙子了。

第二天，他家的门铃准时响起，男子充满期待。然而，让他没想到的是，门一开，看见的却是一位肥胖的女士。

女士见到他，按捺不住内心的欣喜："俱乐部教练说，如果我能追上你，你便是我的了。"

心灵人生 🔍

所谓目标，就是你想成为一个什么样的人，想做成一件什么样的事。

人们常常不知道自己想要的是什么，很多人简单地把成功理解为赚很多钱，甚至把这说成是自己的理想，这实在是一种狭隘和偏颇。

14 天无绝人之路

当你感到无路可走时，你要这样问自己：我是不是该转弯了？

在好莱坞进行的一场为战争募捐的拍卖会，最终拍卖所得是一美元。这是好莱坞有史以来所得的最低拍卖价格，而当时的主持人卡瑟尔与这次拍卖一起被写进了吉尼斯记录。

作为好莱坞最著名的拍卖师，他料到这将是他人生中主持过的最艰难的一次募捐拍卖晚会——在美国人民强烈的反战情绪下，几乎不会有人把自己口袋里的钱捐到战场上去。当晚，有的拍卖师已经预料到卡瑟尔在此次拍卖会上空手而归的尴尬样子了。

然而，事情似乎并没有人们料想的那么糟糕，卡瑟尔主持的拍卖会竟意外地热闹。

卡瑟尔带动了全场的气氛，他先让大家选出一位当晚最美丽的女孩，然后再由他来拍卖这个女孩的一个亲吻。有人会为了一个女孩的亲吻而花钱吗？结果真的有人用一美元的价格拍得了这位美女的亲吻。

卡瑟尔成功地为当晚募捐拍卖会收获了一美元，虽然几乎少得可以忽略不计，但大家还是被卡瑟尔的智慧所征服了。

德国有一家濒临倒闭的啤酒厂找到了卡瑟尔，开出了重金聘请他来宣传啤酒厂以及其产品。卡瑟尔接受了聘请，想出了很多点子来吸引人们的注意，比如用啤酒来美容和沐浴。在这些新颖的消费项目吸引下，这家啤酒厂赢来了一批又一批订单，一夜之间这个濒临倒闭的啤酒厂居然起死回生了。

卡瑟尔的表现受到了德国政府的关注。

1990年，卡瑟尔建议政府拆除柏林墙，并且将拆除的砖块以珍藏品的名义面向全世界拍卖。德国政府真的这样做了，而柏林墙上的每一块砖块也以极高昂的价格走进了全球各地两百多万家企业及家庭中。

卡瑟尔的名字又一次烙在了人们心中。

心灵人生 🔍

有很多难题看上去似乎无论怎么努力也无法解决，但实际上却不是这样的。人们常常喜欢用一种思维和一种角度去分析和解决问题，这便是思维定势，所谓钻牛角尖说的就是这种情况。每一个问题都有答案，如果你没有找到，那是因为你想问题的思路不对。

15 别让他人夺走你的信念

当你陷入绝境或一无所有时，千万不要丢掉希望，因为那是你彼时唯一拥有的最宝贵的东西。

从前，有个钻石商因为非常富有而引起了同行的妒忌，于是几个同行相约一起，花巨款雇了一个杀手想除掉他。这个杀手的高明之处是从来不直接杀人，而是让对方自行死去。

这一天，杀手拿着一张藏宝图找到了钻石商，说沙漠里有一座巨大的宝藏，要和他一起去沙漠探险寻宝。一听到有宝藏，钻石商就高兴地答应了，第二天就和杀手一起带着两骆驼的水和肉脯向沙漠奔去。

当他们进入沙漠深处时，一场风沙暴让他们迷失了方向。在茫茫的沙漠中像无头苍蝇跋涉了几天后，他们最后只剩下一壶水了。杀手与钻石商约定，为了生存下去，谁也不能喝这壶水，要把它留到最后再喝。

他们走啊走啊，每次要倒下的时候就想起那壶水，他们相信，只要有那壶水在，他们就死不了。就这样，他们竟奇迹般地又活了三天。

眼看就要到绿洲了，杀手忽然大声惊呼："不好！"钻石商立刻朝杀手望去，只见清澈的水不知何时从破了个洞的水壶中涌出，瞬间消失在干涸的沙漠中。

"怎么会这样？"钻石商一脸惊恐。

"我想快到绿洲了，就拿出水壶来喝一小口，没想到……"杀手解释说。

"你，你……"钻石商两眼一瞪，顿时气绝。

杀手奸笑一声，到了绿洲后把钻石商的尸体运回了城中，得到了一笔巨额赏金。

心灵人生 Q

人生不能没有希望，否则我们所做的一切都没有意义，顶多只是让我们纯粹地活着而已，和行尸走肉并无两样。希望就像黑夜里的灯塔，给我们指引了方向，也给我们带来信念和动力。所以，不要轻易地让外物淹没你的信念，坚守它，你的人生就能永立不败之地。

16 ▶ 只要心中的火不灭

成就一件事，在于坚持，但能最终做成某件事，还有赖于有种无人能与之相比的决心。

二战时，有位播音员不甘心只坐在一隅用无力的声音呐喊，他想成为海军飞行员，想到前线去，实实在在地贡献自己的力量。

人们警告他说，当海军飞行员随时都会有生命危险，并且他只是一个播音员，与飞行员拉不上半点关系。"我不在乎自己的生命，我只在乎能不能为国效力！"他坚定地说，"虽然我现在对飞行一窍不通，但我相信我能学会。"

然而，当他向军官提起这个请求时，却遭到了拒绝。他此后又多次提起请求，依然被拒绝。无奈之下，他找到了罗斯福总统，表明了自己想要为国效力的决心。

罗斯福总统找来了负责此事的军官，问："你为什么要拒绝一个一
心为国效力的人呢？"

"总统先生，这个人曾经因为汽车失事而伤过脚。"军官回答说。

"那他能走路吗？"

"能。"

"那就让他飞吧！"罗斯福总统厉声说，"我不能走路，却能担任陆
海空三军总司令！"

心灵人生 🔍

要想成就某项事业，无论如何，都得先有决心。成功必先是一种欲望，
它是你心底最渴望的东西。刚开始时我们都不知道自己是否能够成功，只
是努力地朝着内心向往的方向前进，因为我们坚信，那正是成功的所在。
不要为自己的一无所有而自卑，因为真正的成功者都是白手起家的。

17 带着信心上路

虽然天有不测风云，但我们并不需要时刻带上一把伞，只要带上一颗永
不言败的心就足够了。

有个小和尚要去西天取经，但迟迟不见起程。

"你为什么还不起程？"师父问他。

"西去的路途遥远，我需要准备足够的草鞋，以备不时之需。"小和尚答道。

"这样吧，我请师兄弟们帮你编吧，过两天就会有了。"师父说。

两天后，师兄弟们编好了十几双草鞋，高兴地拿来给小和尚。不少师兄除了送草鞋之外，还给小和尚送来了好几把雨伞。

"师兄，你为什么要送伞给我？"小和尚问。

"师父说，你这次西行的路上肯定会遇上大雨，所以师傅叫我们给你送伞来。"师兄们答道。

小和尚非常感激师父的细心，但他自忖带不了这么多东西，于是就把情况跟师父说了。

"这怎么行呢？"师父说，"你这次西行不知要走多远的路，也不知要淋多少雨，万一鞋走破了，雨伞弄丢了怎么办？"

"师父，鞋和伞倒是要的，但不需要这么多。"小和尚说。

"不，鞋和伞是一定要的。"师父说，"不仅如此，你路上肯定还会遇到不少河流，不如明天我请木匠给你造条小船吧？"

小和尚这下终于明白了师父的用意，连忙跪下来说："弟子明白了，草鞋和雨伞都是多余之物，只要有一颗决心就够了。弟子现在就出发，什么也不带。"

心灵人生 🔍

人的一生必然要经历各种风雨，有很多挫折是我们始料未及、无法预防的。为了使人生之路走得更畅顺，提前做好准备与规划是明智的，但即使再深思熟虑的人也做不到万无一失。很多时候，人生并不需要准备什么，只需要一颗奔腾的心，无论遇到什么困难，凭着这颗心就能排除万难，不断前进。

18 辨识信念的负能量

人必须依靠信念而活，没有信念的人就像一座没有地基的大厦，随时都有崩塌的可能。

战场上，一对父子兵在冲锋陷阵。

父亲见骑在战马上的儿子被敌军打得节节败退，连忙冲前上去为儿子解围。解了围后，父亲急忙把儿子拉到一边，庄严地托起一个只插着一支箭的箭囊，郑重地对儿子说："儿子，这是家传宝箭，只要你把它佩带在身上就能得到无穷的力量，但千万不要抽出来！"

这个箭囊是用厚牛皮打制而成的，上面镶着幽幽泛光的铜边；一支箭插在里面，虽然只能看到箭尾，但儿子一眼就能认出这是用上等的孔雀毛精制而成的。儿子兴奋地接过箭囊，郑重其事地背在身后，顿时觉得有一股无穷的力量迸发了出来。

儿子像换了个人似的，一时变得英勇非凡，骑着战马飞奔在前，一个又一个敌人在他面前应声倒下。当鸣金收兵的号角吹响时，必胜的信心冲上儿子心头，他忍不住"嗖"的一声拔出了宝箭，要看个究竟。

然而，他看到的却是一支折断了的箭。

"我一直背着支断箭在作战呢！"儿子不禁吓出一身冷汗，之前的那股豪气一下子消失得无影无踪，仿佛失去了祖先的庇佑，再也没有半点士气。

就在儿子呆若木鸡之时，敌人向他射来了一支箭，正中他的胸膛……

心灵人生 🔍

万丈高楼能平地起，是因为有坚固的地基；百年人生能经受狂风暴雨，是因为有坚强的信念。人活着不能没有信念，即使是那些怕死的人也有"不想死"的信念。信念支撑着我们一路走来，如果你曾丢失了它，你一定要在此刻拣起另一个，否则你的人生便会变得岌岌可危。

19 用智慧冲破绝望

在绝望俘虏你之前，你要赶紧找到希望，否则随后而来的是更可怕的空虚。

一支探险队不幸受困于一个幽深黑暗的山洞里，他们身上的食物能维持两周。在发射了求救信号之后，他们能做的只有耐心等待救援了。

山洞里几乎与世隔绝，即使大白天也极少能见到阳光，恐惧与绝望笼罩着他们。

两天过去了，绝望的同时，寂寞与枯燥也在折磨着他们。

这时，有一个人已经近于崩溃。他两眼无光，既不吃也不睡，其灵魂就像被这黑暗的山洞吞噬了一样，抑郁状态十分可怕。队友们很着急，都你一言我一语地围着劝慰他。大家忽然发现，只要有人对他讲话，他的症状就会缓解一些，要是有人讲了一个好听的故事，他还会露出开心的微笑。

为了拯救这个队友，大家便一天一个地轮流为他讲故事，就这样过去了一周。可仍不见救援队的踪影，他们只好继续讲故事，这既能帮到这个队友，又能给自己打发时间。为了讲好故事，他们每个人都发挥了自己最大的想象力和创造力，每个人都乐在其中。

终于，在食物吃光的两天后，他们得救了。虽然每个人都因为营养不良而面黄肌瘦，但他们精神却很好，那个原本快要精神崩溃的队友更是奇迹般地恢复原样了。

原来，那队友根本就没疯，他知道如果不采取措施大家迟早都会精神崩溃的，所以他率先"疯"了。

心灵人生 🔍

人不会一直绝望下去，因为当人习惯了绝望之后，空虚便会不约而至。绝望就是心如止水，再也起不了任何波澜。然而，空虚比绝望更可怕，它是一种没有寄托、若有若无的游离状态，足以让一个人变得疯狂。所以，即使当生命陷于绝望时，只要理智和智慧还在，就一定能找到一丝快乐之光，冲破绝望的深渊。

20 ▶ 借个机会给希望

机会有时就在不经意间，有勇气、有信念的人才会推开这扇门，迎来幸运之神的光顾。

在栽了无数个跟头之后，在信心和钱包都快干瘪的时候，一个非常合适她的岗位又唤起了她心头的希望。

去应聘的路上，她在一家服装店的橱窗前停下了脚步，她不仅看到了橱窗里漂亮的衣服，还看到了自己的一身寒酸打扮。想起了自己这段时间的奔波，她心里一时五味杂陈。

老板娘意识到有生意可做，便把她热情地请了进去。

她试了一套职业装，当站在试衣镜前时，她惊呆了——此时的自己俨然一个都市女白领！猛然间，一个念头在她心底升起："如果穿上这套衣服去面试，说不定……"她于是壮着胆子走到老板娘面前，真诚而坚定地说："我没有钱，但很想借这套衣服去参加面试，因为这次应聘对我来说太重要了。可以吗？"

老板娘脸上的微笑瞬间凝固了，但她并不生气，而是上下打量了一下眼前的这个女孩，然后点头说："可以，不过你要把身份证留下来作为借衣凭证！"

当她把身份证递给老板娘时，老板娘叹了口气说："看你也不容易，我好人做到底吧，帮你把鞋也换一下，你那双鞋与这套衣服很不搭……"

这次的面试很顺利，她第二天就去上班了。

还衣服的时候，她再三对老板娘说谢谢，还有点尴尬地说要支付"试穿费"。

"不用啦，"老板娘笑着说，"我之所以要帮你，是因为在你身上看到了自己的影子。现在你向理想迈近了一步，我也为你高兴。如果你真想感谢我，以后就多来光顾我的小店吧！"

心灵人生 🔍

人生是一趟寻梦之旅，虽然梦想是自己的，但这一路上我们并不孤独。梦想时刻都闪耀着光芒，这光芒不仅照亮了自己的前进道路，还为旁人带去了温暖与感动。所以，当一个人为了梦想而努力奋斗时，所有人都会为他让路，因为他们也同样渴望着梦想，希望有人能梦想成真。

21 总有一种办法抚平创伤

冲淡感情之伤的良药，除了时间，还有把心拿回来，将其放逐到你新的梦想中去。

当"我们分手吧"这五个字从女朋友口中说出来时，他整个人都呆住了，半晌之后落泪不止。

为了减轻痛苦，他选用自己最熟悉的东西——文字，来宣泄自己的感情。他买来一个精致的日记本，郑重其事地在扉页上写下"再见，我的爱"，然后像放电影一样在头脑中一边回忆一边书写。

他以为可以用这种方式来埋葬他的爱情，但结果却适得其反，因为日记里的每一个字都在提醒自己是那个被抛弃的人。两个月后，痛苦得不能自拔的他终于撕毁了"失恋日记"，他要找到另一种方式来解脱自己。

"我的痛苦还得用文字来埋葬，但这次我要写一本书！"他想起了自己多年前的一个梦想：写一本与蚂蚁有关的书。

他开始穿梭于图书馆，查阅各种与蚂蚁有关的资料，同时上网看各种与蚂蚁有关的纪录片。渐渐地，比人类建筑复杂千百倍的蚂蚁窝在他脑海中形成，蚂蚁的社会组织也了然于心……他每天都沉浸在写作的乐趣中，俨然把自己当成了一个蚂蚁专家，正在完成一本有关蚂蚁的伟大专著。

五年之后，书写成了，他非常高兴；更让他激动不已的是，这本书很快得到了一家科技类出版社的赞赏，同意出版。

至于那段他以为永远也放不下的恋情，已经被他不知不觉地放下了。

心灵人生 🔍

　　当心灵遭受创伤时，千万不要刻意去回忆它，这无疑是火上浇油。

最好的做法是转移注意力，把关注痛苦的精力转移到其他事情上去。理想

是凌驾于痛苦之上的，只要一个人还有理想，那他就总能把痛苦忽略掉。

所以，当一个人全心全力为理想而奋斗时，所有痛苦在他眼里都不过是浮

云了。

CHAPTER
TWO

卷二
奋进的人生无弯道

卷二
奋进的人生无弯道

　　尽管前方依稀有亮光在闪烁着，但你没料到的是，脚下的路依然看不分明，坎坷曲折，极其难走。于是，你一次又一次地跌倒，一次又一次地爬起来。看着自己满身伤痕，你禁不住问自己：还要继续走下去吗？但你并没多犹豫，因为你知道这是一条回不了头的路，只能一直往前走。终于，过了漫长的泥泞，前面的路开始变得平坦开阔起来。

01 ▶ 跌倒了是为重新站起

一次跌倒并不意味着这一辈子都站不起来，跌倒从来都是为重新站立而做的准备。

　　四十九岁的伯尼·马库斯像平时一样，拎着妻子递过来的公文包开心地去上班。

　　经过二十多年的职场洗礼，他非常珍惜今天来之不易的职业经理人位置。然而，他万万没想到的是，今天将是他为公司服务的最后一天。

　　"你明天不用来上班了。"

　　"为什么？我犯了什么错误？"他简直不敢相信自己的耳朵。

　　"不，这不是你的错，是公司近来发展不景气，董事会做出的裁员决定。"

　　就是这个决定，让他瞬间从一名人人尊敬的公司经理沦落为一个在街头游荡的失业者。

　　在失业的日子里，为了缓解压力和痛苦，他常常到咖啡厅里一个人静静地坐着，思考如何应对失业危机。是的，日益增长的家庭开支使他捉襟见肘，他必须要找到新的工作，但他对未来感到一片迷茫。

就在此时，他的老朋友——和他有着同样遭遇的亚瑟·布兰克找到了他。互相安慰后，两人开始讨论解决窘迫生活的方法。

"为何我们不自己当老板，不自己创办公司呢？"亚瑟·布兰克说。

自己创业的这个念头犹如火苗一样迅速被点燃，这可是一直闪在伯尼·马库斯心中的激情与梦想啊。伯尼·马库斯非常支持亚瑟·布兰克的想法。心动不如行动，两位失业者马上就在咖啡店里构思和策划了家居仓储公司的理念。

就是在咖啡店里短短的这几分钟时间里，他们就确立了"最低价格、最优选择、最好服务"的公司理念，两人还根据这份理念制订了一套公司管理制度。有了这样一份发展规划，两人便开始着手创办企业。

1978年初，一家家居仓储公司诞生了。在接下来的二十年时间里，该公司发展成为拥有775家连锁店、15万名员工，年销售额达300亿美元的世界500强企业，这便是闻名全世界的美国家居仓储公司，它的发展简直是全球零售业的一个奇迹。

然而谁也没想到，这个奇迹竟源于两个人二十年前的那次失业的遭遇。

心灵人生 🔍

没有谁的人生能够一帆风顺，人生路上从来都不乏坑坑洼洼，跌倒总是平常事。有的人一次跌倒了一辈子都没站起来，有的人把把这一次跌倒当作是新的开始，因为这些人懂得，危险背后隐藏着新的机会。上帝让你跌倒，其实就是为了看你重新站起来创造奇迹。

02　把命运咬在口中

只要还活着就无须向乖舛的命运妥协，因为有时我们活着的目的就是改变不堪的命运。

1958 年，他出生于台湾台东。因为家里穷，他小学毕业就辍学出来打工了。

十六岁那年，他在工厂的三楼干活，在接楼下工友传上来的钢管时，由于钢管碰到了高压线，一时火花四溅，他当即被电成了"炭人"。他的父母闻讯赶到医院，被告知儿子要进行截肢手术。

在截肢的过程中，虽然有麻醉剂的作用让他感觉不到疼痛，但他能清楚地听到骨头被割断的声音，是那样的真切与刺耳。手术完毕后，他口干舌燥，看到床边的桌上放着一杯水，便本能地伸手去拿，却猛然发现自己的一双手没了！

出院后，家人像照顾新生婴儿一样照顾他，但他深知自己不能一直这样依赖家人，给家人增加负担。他要自理，至少让自己独立吃饭。后来，他发明了能够让自己进食的餐具，不久又发明了一些其他用具，直到可以自理。

既然生活可以自理了，是否应该探索自己的未来道路？他想到了写作。

"我没有了手，如何才能写字呢？"他后来想到自己还有一张嘴，"何不用嘴咬住笔来写？"于是他费劲地试着用嘴咬着笔，歪歪斜斜地写下了自己的名字。经过了一番常人难以想象的努力后，他终于可以把字写得周正了，这时他说："原来天底下最棘手的事，都不是用手来完成的！"

其实，他从小的兴趣是绘画，既然能用口写字，那也应该能用口来绘画。有了这个想法之后，他便开始风雨无阻地用口咬着画笔来练习绘画。不知过去了多少年，也不知克服了多少困难，他终于成为了知名的口足画家。

他的名字叫谢坤山。

心灵人生 🔍

能被称之为"命运"的，都是生命中难以改变或无法改变的东西。有时候，命运并非对所有人都是公平的，有不少人常常被命运践踏在脚底。我们常常试图改变命运，因为我们不服气，不甘心接受命运无情的摆布，所以，这样的决心就把必然变成了偶然，把偶然变成了自然。

▷03 自己栽培自己

温室里长出来的只是一棵不起眼的小草，真正艳绝的花朵都是经历过风雨，并且用汗水和泪水浇灌而成的。

熊国宝第一次夺得世界重大比赛的冠军后，当时有记者采访他："你最想感谢的人是谁？"他回答说："如果真要感谢的话，我最该感谢的是自己的栽培。就是因为没有人看好我，我才有今天。"

熊国宝小时候身体很瘦弱，在学习羽毛球的孩子当中并不起眼。十三四岁时，他在羽毛球训练班当了一个"走读生"，只管随队训练，不管吃住。训练时，别人一节课80分钟下来已经筋疲力尽，但他仍坚持再训练10分钟、20分钟……

三年后，熊国宝凭借自己的刻苦训练终于进入了正规的省体校；又三年后，他进入了省队。这时他已明白，成功之路没有捷径，成功就是艰辛与汗水浇灌出来的硕果。1984年，他获得了全国锦标赛的第六名，由此被侯加昌教练选入国家队。

能够进入国家队就意味着向成功又迈近了一步，然而，不管是队友还是教练，大家都不看好他。要想脱颖而出，他知道自己唯一能做的就是继续刻苦训练。

他知道自己的优势与缺点在哪里，每天都与比自己稍微出色的队友练球。即使在零下十几度的冬天，他依然很早起床跑步锻炼体力，每天坚持练十几个小时的羽毛球，有时队友们都累到趴下了，他就自己一个人对着墙练。

终于有一年，他意外地被选入世界大赛候补位置，但没有人对他有过高的期望。然而，让大家没想到的是，就在大家觉得输定了的情况下，他竟扭转乾坤，势不可挡地一路飙杀，一举取得了世界冠军！

> 心灵人生 🔍

人最大的敌人是自己，要战胜别人，首先要战胜自己。懒惰是人类最致命的弱点，一旦吃饱穿暖后，人们便不思进取。世界上从来都不存在不经过奋斗就成功的人，即使是天才也要有所付出。如果你不是天才，而只是一个普通人，你就要比别人努力十倍，这样才能有出头之日。

04 ▶ 机遇总是留给有所准备的人

坐在家里一动不动的人生是不可能有价值的，有价值的人生必须得挥动手脚去拼搏。

虽然是从名牌大学毕业的，但她找工作屡屡碰壁，没有一家公司愿意录用她。

好不容易找了一份编剧助理的工作，却发现要做的事情就是整天给老板跑腿，工作内容与自己应聘的职位拉不上半点关系。在卖命干了三个月却连一个月的薪水都拿不到的情况下，她果断"炒"了老板的鱿鱼。

为了生活，她只能继续四处找工作，只要有人给她钱，哪怕是几百字的解说词她也会写。后来她又替人当枪手写电视剧和电影剧本，但一直没停止过寻找新的发展机遇。

功夫不负有心人，她成功应聘了某电视台节目组的一个编剧职位。在自己喜欢的职位上，她勤勤恳恳，并希望能在工作的某个方面有所突破。

半年后，有一次，一档综艺节目的制作人因临时有事突然离场，彼时所有工作人员都已经准备就绪，包括主持人都已经开始录制了。为了顾全大局，老板对她说："你来替代制作人。"老板这句话一出口，她就知道这是一次难得的机遇，绝对不能错过。

她拿起制作人的耳机跟麦克风，认真地执行起制作人的工作，负责全场工作的每一个细节。那一次的节目录制很成功，让所有在场的人都对她刮目相看。

从那时起，她便成了制作人。几年后，由于她的出色表现得到了公众的肯定，三度获得了金钟奖，成为台湾炙手可热的金牌制作人。她就是柴智屏，台湾艺坛的"神秘魔法师"，广为人知的偶像剧《流星花园》就是她根据日本漫画改编制作而成的。

如今，每当人们问她是如何一步一步地走到今天时，她回答的最后总会补上这样一句话："当机遇摆在眼前时你必须要毫不犹豫地去争取。"

心灵人生 🔍

　　每一个希望有所成就的人都应该有理想。然而，理想很丰满，可现实却总是很骨感。在现实面前，我们应学会放低自己的身位，迂回前行。有时候成功只是因为一个机遇，但并非人人都能及时把握住它。要把握住机遇并不容易，你首先要能够发现它，其次才是有能力把握住它。

05 迎着狂风向前进

人生如海上行船，遇见风浪大多无法躲避，唯一能拯救你的只有那份迎难而上的勇敢。

　　一位经验丰富的船长带领一班快要参加工作的航海系学生在货船上进行实际操作。

　　岂料天公不作美，原本只是一个简单的船上事例操作，却遇上了台风。看着滔天的波浪、肆虐的大雨，学生们感到无比惊恐，有两个胆小的学生甚至怕得哭起来。

　　见到学生们如此慌张，船长走过来淡定而自信地对他们说："在海上航行遇到台风是最平常不过的事情，这时候我们应该先让自己冷静下来，然后关紧船上的门窗，迎着台风全速前进，只有这样才能尽早摆脱台风的威胁。"

"为什么要迎着台风前进，直接跟台风接触不是更糟糕吗？难道就不能驶向另一个方向，或者直接掉头回去？"

船长表情严肃地对学生们说："你想躲开台风驶向另外一个方向？当船的侧面迎接猛烈的台风时，海浪以及台风巨大的推力一卷，船就会马上翻身倒入海中；你想直接掉头回去？船的速度根本就无法跟台风比，你还没转过弯来它就追上你了！所以，唯一的好办法就是直面正视台风，迎面而上。"

船长的这一番话，让学生们受益匪浅。

心灵人生　🔍

　　无论做什么事情都会遇到困难，只不过困难有大有小罢了。很多人之所以一事无成，其实原因很简单，就是一旦遇到困难就退缩，从未想过要迎面而上，努力制服它。前进的道路上必然有困难，否则成功将无从谈起。成功从来都不能被信手拈来，即使能，那种成功也毫无价值。

06 一次意外，一次机遇

人生就像一盒混搭巧克力，你很难知道下一块会是什么味道。

在休斯顿还未成名的时候，经常会跟母亲同台演出。

有一次快要准备上台时，母亲却告诉她由于嗓子坏了不能够跟她同台演出，因而演唱必须要由她来独自完成。休斯顿听了母亲的话非常着急，因为她无法确定自己是否可以独自上台演唱。这时母亲鼓励她说："孩子，妈妈相信你完全能够独自完成，因为你是最棒的！"

在没有母亲陪伴演出的情况下，休斯顿竟唱得意外的好，独自撑起了整个舞台并一夜成名，成了美国唱片销量最高的王牌歌手。

同样，克里斯蒂安娜·阿曼波尔能够当上记者，也可以说是因为一场意外。

当时克里斯蒂安娜·阿曼波尔的姐姐报名参加了一个新闻记者培训班，可是才去了两个月就不想继续了。阿曼波尔觉得姐姐这样做太浪费了，倔强地要将剩下的学费给讨回来。于是她独自一人前往学校要学费。

意外的是，校长并没有要退还学费的意思。为了不想浪费学费，阿曼波尔就代替姐姐去参加了这个新闻记者培训班。

正是因为这场意外，阿曼波尔找到了自己的兴趣所在，最后成为了一位著名记者。

心灵人生 🔍

人生的机遇无处不在，它有时藏在隐蔽处，有时就在你眼前，偶尔会让你无意中得到它。人生是由各种各样的意外组成的，这些意外其实就是每一次不同的选择。选择无好坏之分，因为人生处处都有转机。所以，当你走到看似无路可走时千万不要沮丧，或许路口就在转角处。

07 强者从不认输

困难永远无法打倒真正勇敢的人，因为困难不会变大，而勇敢的人却会越挫越强。

一只蜘蛛把家安在了屋檐上。蜘蛛的生活过得并不安稳，每天都要经受风吹雨打。

又是一个雨天，蜘蛛刚刚结好的网被吹风烂了，它从网上掉了下来。它要重新回屋檐上，便向墙壁缓缓爬去。由于墙壁被雨水淋过，又滑又湿，每次只爬到一小半它就滑落下来，它只好继续向上爬，一次又一次……

有三个在屋檐下避雨的年轻人发现了这只蜘蛛。

一个年轻人叹了口气说："哎，这只蜘蛛现在所经历的，不正是我们一生的写照吗？我们一直都在为生活而忙碌，常常要经受风吹雨打，但结果总是不如人意。我想我的命运和这只蜘蛛一样，是无法改变的。"

另一个青年对这只蜘蛛观察了好久，不以为然地说："如果是我的话，我才不会这么愚蠢，我一定会找一个比较干燥的地方绕着爬上去。我不会像这只蜘蛛一样重复这种愚蠢的办法，一定要用智慧，再困难的问题也能有好办法解决。"

最后一个年轻人被蜘蛛的顽强精神深深地打动了，他说："这只小小的蜘蛛竟有如此顽强拼搏的精神，真是难得。有了这种精神，它一定能够成功爬上去并重新结网的。我们人类要是有了这种精神，又有什么是做不到的呢？我应该向这只蜘蛛学习。"

多年后，第一个年轻人一无所成，第二个年轻人因为太过聪明而犯了罪，只有第三个年轻人成了一个成功人士。

心灵人生 🔍

面对困难，我们都有三种选择，这三种选择都会带来不同的人生。弱者选择放弃，那是不战而败；智者选择另辟蹊径，巧妙地找到解决困难的方法，但他们常常会因为过分聪明而丧失了最宝贵的东西；勇者无畏艰险，即使面临再大的困难也迎难而上，最终赢得胜利。

08 人生没有解不开的难题

成功者的过往经历多被当成一笔财富，而失败者所讲述的苦难，往往被当成笑料。

他曾叱咤整个股票商界，不仅为公司打下股市江山，也为自己带来了丰厚回报。

财富多起来之后，他开始学别人炒房地产，将自己几乎所有积蓄都投了进去。世事难料，不到一年，破坏力强大的金融风暴很快就把他所有的财富都卷走了。一夜之间，他从一个富人变成了一个一无所有的穷光蛋。

对这一命运的转变，他无论如何都无法接受，万念俱灰，甚至想到了轻生。

有一天，他陪十岁的儿子做作业，遇到了一道连他也无法解决的题目。

"儿子，这道题爸爸也不会做，不如我们先把它放一放，明天再向老师请教好吗？"他劝儿子放弃这道题目。

儿子像个小大人一样，用坚定的语气说："爸爸，老师教我们要战胜困难，即使失败了也要有从头再来的勇气。我要再算一次。"

儿子的这句话让他醍醐灌顶，一时清醒过来。虽然儿子说这句话并无更深的含义，但对于身在黑暗中的他犹如一道希望之光。"连十岁的孩子都懂得从头再来的道理，我怎么能对自己没信心呢？"他感到很惭愧。

他决定振作起来。首先看了一些心理学书籍，让自己走出阴影；然后继续研究股票，重操旧业。在一些老朋友的帮助和自己的努力下，经过几年的历练，他再一次成为了这个行业的领头羊。

多年过去后，有人问他是如何一步一步走到今天的，他说得最多的一句话是："不要害怕人生中的各种苦难，你战胜它后，你会发现之前所经历的都是上天赐给你的丰厚的财富。"

心灵人生 🔍

　　人生在世，必然会遭遇各种挫折。面对人生的挫折与失败，从头再来是一种勇气。每个难题都有答案，并且答案常常不止一个，只是我们目前还未能找到而已。人生是一个不断遇到并解决问题的过程，如果轻易在一道难题面前缴械投降，那么你的人生注定充满虚无。

09 ▶ 使命激发人的潜能

　　在困难面前，如果你把希望放在了他人身上，就意味着你已经输了。

　　为了躲避战争，一位母亲抱着只有三岁的孩子，拖着虚弱的身体加入了逃难人潮。

　　天气十分炎热，毒辣的太阳无情地炽烤着大地，给本已虚弱不堪的难民们带来更大的挑战。这位母亲觉得自己快要坚持不住了，随时都有倒下去的可能。自己倒下去倒无所谓，她担心的是怀里的孩子。

　　母亲在人潮中找到了一位神父，恳求神父帮她照顾自己的孩子，因为她觉得自己无法坚持到边境了。

　　神父略懂医术，经过他的观察和询问，觉得这位母亲的体力还是可以支撑的，便用坚决的语气回答她："你是孩子的母亲，你要为你自己的行为负责，我可不会替你照顾孩子！"

　　原本虚弱的母亲听到神父如此一说，顿时觉得很气愤，觉得这人根本没资格当神父。她低头看看怀里的孩子，孩子正用一双大大的眼睛看着她。"为了孩子，再怎么累再怎么苦，我也要坚持把他带到边境！"

　　经历了漫长而痛苦的跋涉后，这一群难民终于到达了边境，得到了国际红十字会的援助。在那里，每个难民都得到安身之处。

　　神父看见了之前求助于他的那位母亲，发现她和孩子都没有生命危险，在红十字会的帮助下渐渐恢复了体力。"幸好你坚持了，你们母子才得以平安！"神父欣慰地说。

　　原来，神父一路上一直关注着这位母亲的健康状况。

心灵人生 🔍

　　人体自身的神秘度和整个宇宙相当，甚至要比宇宙更神秘。在遇到困难的时候，不到不得已时最好不要求助他人，因为这意味着自己向困难妥协了。每个人都拥有巨大的潜能，只是我们暂时没办法将其全部开发而已。母爱是世界上最伟大、最无私的力量，有时候这种力量能最大限度地激发人的潜能。

10 把残疾和磨难看成优势

如果你能把一生的时间都用来创造价值，那么你便是世界上最富有的人。

"发明大王"爱迪生小时候家里很穷，为了贴补家用，他十二岁时不得不到火车上卖报纸。

爱迪生从小就喜欢做各种各样的科学试验。为了做试验，他节衣缩食，只要省下一点点钱就会拿去买试验用具。经列车长的同意，他在一节供旅客吸烟用的车厢里做起了实验。

有一次，磷棒不幸着火了，列车长一气之下把他的所有试验用品都扔出了车外。又有一次，当爱迪生试图登上一辆货运列车时，一个列车员抓住他的耳朵助他上车，没想到这一举动让爱迪生变成了一个聋子。

后来，爱迪生在发明上已经取得了很大的成绩，有人问他为什么不为自己发明助听器，他反问道："你觉得你自己在这之前听到的所有声音，有哪些是必须要听的呢？"他对自己失聪这件事心怀感激，因为这样能让他远离这个嘈杂的世界，使头脑清净下来，从而潜心搞实验。

在发明了白炽灯、留声机和电影摄像机等改变了世界的科技产品后，晚年的爱迪生依然坚持每天上班，去实验室里做实验，每天坚持工作十到二十个小时，几十年如一日。

许多人都心疼他，觉得他经历了那么多苦难，应该好好歇歇，安享晚年了。每当有人问他准备什么时候退休时，他风趣地答道："怎么办呢？我可没有时间考虑这个问题呢！"

心灵人生 🔍

　　苦难从来都不是坏事，它能让一个人成长，成为一个懂珍惜、敢拼搏的人。兴趣是最好的老师，当有某种驱动力促使你去做某件事时，那这件事正是你的兴趣所在。人生的意义在于创造价值，那些整天都坐着无所事事的人，他的生命可以说毫无价值。创造价值的生命不会觉得累，时间对于他而言从来都是不够用的。

▷ 11 有些障碍你无需跨越

生命中那些无法被跨越的障碍，其实都是一道道独特的风景。

　　连日的暴雨引发了山洪，一块巨大的石头从山上滚落下来，正好落在山脚下的一个小镇的街口上。

　　巨石挡在路中央，小镇上的居民出入都非常不便。为了让道路重新畅通起来，居民们想尽了各种办法，又是人力又是机器，但都无法搬走这块巨石，大家心情十分沮丧。

　　一天，一位身怀绝技的和尚云游至小镇上。人们听说这和尚武功高强，无所不能，于是便向他请教移开巨石的方法。和尚看着这块巨石笑而不语，居民们见状都纷纷摇头叹气，觉得连武功这么高强的人也无法搬动巨石，那这块巨石恐怕是要一直在这里当个障碍物了。

第二天一早，当人们路过街口时，发现巨石上刻着两行大字："镇街之宝，何处是障碍。"这两行字强劲有力，神韵超逸，与这块石头稳重高大的气势完美地结合在一起，顿时让人有一种赏心悦目的感觉，早已忘记这原是块障碍之石。

渐渐地，人们觉得这块巨石确实是镇街之宝，于是便在巨石周围用栏杆围护起来，旁边种满了漂亮的花草，成为了街口一处美丽的风景。至于人们平时的出入，早已在巨石附近绕出了一条新路来。

许多年后，小镇因这块石头而出名，人们就把小镇起名为"神石镇"。

心灵人生 🔍

人生道路不可能一路平坦畅顺，总会有各种各样的困难阻碍着我们前进。这些困难有的很容易克服，有的却无论如何也克服不了。对于克服不了的困难，我们只能选择绕道而行。对于生命本身而言，这样的困难并非毫无意义。虽然我们无法跨越它，但它却能让我们更好地认识自己。

12 贫穷赋予的一条路

当你意识到贫穷只是一条弯路时，你就已经走在成功的直道上了。

1973 年 4 月 8 日，一个小男孩出生在埃塞俄比亚的一个贫穷的小山村里。

小男孩上学之后，因为家人没钱给他买鞋子，更没钱让他坐巴士，他每天只好用右臂夹着课本，赤着脚跑 10 公里的崎岖山路到学校上课。放学后，为了帮家人干点活，他又要赤着脚快步跑回家。

这种长期的"训练"让他练就了一双矫健的"飞毛腿"。既然这么能跑，能不能跑出自己的未来呢？十六岁那年，他被国家著名田径教练科斯特选中，来到首都亚的斯亚贝巴接受系统训练，由此开启了他辉煌的奔跑人生。

这个一路奔跑的小男孩名叫海尔·格布雷西拉西耶，曾连续打破了十几次世界纪录，让整个世界都为他欢呼，被认为是田径史上最伟大的运动员之一。

虽然今天的他已经闻名世界，但他并不忌讳回忆过往的贫穷日子。他曾感慨地说："如果当时不是因为贫穷，我也不会取得现在的成绩。因为贫穷，我才没有钱坐车上学，跑步是我唯一的选择。所以我要感谢贫穷，是贫穷激发了我无限力量，让我懂得努力与珍惜。"

心灵人生 🔍

　　贫穷并非一无是处，它能让人学会奋斗与珍惜。一个没尝过苦滋味的人，他怎能理解甜蜜的可贵？很多成功人士都是穷苦出身，他们把在穷苦日子中所学到的品质运用到以后的奋斗中去，往往所向无敌。贫穷是笔财富，与其一味地抱怨，还不如好好利用这笔财富。

13 ▶ 有过硬本领才能做赢家

真正有内涵的人从来都不夸夸其谈，只有那些华而不实的人才大呼小叫，唯恐天下人不知自己的存在。

　　有个老铁匠打铁的技艺很高超，可惜他为人木讷不善言辞，卖铁所得只能勉强维持生活。别人都叫他变通一下，但他不听，依然默默地打铁。

　　有一次，老铁匠一丝不苟地打造了一条巨大的铁链，那是为一艘大海轮准备的，专门用做大海轮的主锚链。然而，这条主锚链却一直没用上，只是放在船的一角，眼看就要生锈了。

　　有一天夜晚，海面上刮起了暴风雨，一时波涛翻滚、狂风呼啸。大海轮上的乘客都觉得自己今晚要葬身大海了，有人大声呼叫，有人跪在甲板上祈祷，恐惧一时紧紧地笼罩着这艘海轮。

　　船长命令水手把船上的锚抛下去，但这些锚都十分脆弱，经不住任
何风浪，很快便被折断了。情急之下，人们想起了老铁匠打造的那条铁
链，于是连忙把它抛下了大海。

　　让人宽慰的是，这条主锚链坚若磐石，就像一个巨人的粗大手臂，
紧紧地拉稳了海轮，任狂风如何撕扯也没松断。就这样，在这条锚链的
保护下，一千多名乘客幸免于难。

　　暴风雨停止，第二天的太阳升起来后，全船的人都热泪盈眶，对老
铁匠和他这条巨链充满了感激。

【心灵人生 🔍】

　　并非所有产品都要打广告，如果产品本身的质量过硬，它就已经声
名在外了。今天的人们已经很少能做到兢兢业业、勤勤恳恳，甚至已经没
人知道什么叫埋头苦干了。务实是一种永不过时的品质，因为群众的眼睛
总是雪亮的，对于好的东西，其价值终有被人们认可的一天。

14　珍惜你的苦难经历

只有当我们高高地站在山顶上时，才有资格向耳边吹来的风诉说这一路
的崎岖与辛苦。

　　他出生在一个贫穷而偏远的小镇，很小的时候父母就过世了，是姐

姐靠帮人家洗衣服做家务将他抚养成人。

姐姐出嫁后，他寄养在舅舅家。舅舅一家的生活也十分贫困，刻薄的舅妈规定他一天只能吃一顿饭，并要求他包揽所有的家务活。好不容易出来工作了，却因为交不起房租而住在郊区一个废弃的仓库里……

当著名汽车商约翰·艾顿向英国首相丘吉尔聊起自己以上的那一段困苦生活时，一脸平静，但丘吉尔却感到非常惊讶："这些事我可从没听你说过。"艾顿笑着说："这些苦难在人生中不值一提，特别是那正在遭受苦难的人更加没有资格去诉说。只有你战胜了苦难，远离了苦难，苦难才是你人生中的一笔宝贵的财富，"艾顿接着说，"而这时当别人听你说起你的苦难，会觉得你的意志异于常人，从而敬重你、仰慕你；如果你此时正在遭遇苦难，你的这些诉说只能让人觉得你是个懦夫，正在乞讨同情而已。"

与艾顿的这次聊天，让丘吉尔改变了对苦难的认识，他不仅把"热爱苦难"作为自己的人生信条，而且还在自传中对苦难作进一步诠释：苦难不是你的屈辱，而是你人生中的一笔财富。

心灵人生 🔍

每个人都希望自己的一生能够事事顺利，但现实常常提示我们，苦难才是人生的主旋律。判断人生是否有意义，在于我们回首时是否有了一种闲看花开花落的心境，因为这时的我们往往已经把痛苦远远地抛在脑后了。

15 迂回也是一种前进方式

为了更快地到达目的地，我们有时候需要走一些弯路。

他高三毕业那年没有考上大学，于是便到砖窑厂去找工作。

老板见他身体结实，给了辆手推车让他运土。运土组里的都是一些三四十岁的中年人，他因此成了组里最年轻的一员。

取土的地方比较远，每人一天来回要走约 4 公里的路程，加上老板规定每人每天至少要拉 20 车，一天 20 次的往返，特别是两地之间还有一个很陡的山坡，让人有点吃不消。

为了快点完成任务，以免被这些大叔们笑话，他咬着牙，弯着腰，拼命拉车。然而，直到天黑了，他发现自己才拉了 15 车，而其他人都已经准备放工休息了。

他很奇怪其他人为什么拉得这么快，便仔细观察他们。只见他们在上坡路的时候都是左弯右拐，而他自己是直线走的，他觉得很奇怪："两点之间的距离不是直线最短吗？"但是，他觉得自己慢是第一天的不习惯造成的，也许第二天就能比他们快了。

第二天，他才运到一半就累得不得不歇在路边喘息。一位经过的大叔说："小伙子，你这样运土是不行的，人累趴了，事情还是没有做完。你先左斜着走，再右斜着走，这样就很快上去了。"大叔边说边示范。

可是他心里还是有疑问："这样不是多了好几倍的路程吗？"不过，他还是按照大叔的话去做了，结果真的很快完成了任务。

原来，原本很陡的坡路，左斜右斜之后就减少了陡的角度，人走起来就不那么费力，所以就能相对轻松地完成任务了。

"人生不正是这样吗？"他恍然大悟。

第二年，他再次参加了高考，这次如愿以偿地考上了大学。

心灵人生 🔍

人生道路不可能一帆风顺，曲折起伏才是它原本的样子。当我们觉得一段路程非常好走的时候，这段路程很可能是下坡路。如果你已经过了很长一段时间的舒适生活，那表明你正处于危险之中。如果你走得很吃力，那你应该为自己感到高兴，因为你正向梦想的高峰慢慢靠近。

16 勇气成就新的自我

人世间所有的痛苦都是河水，而我们都是正在过河的泥人。

曾经有这样一个传说：泥人一旦过了河，神就会赐他一颗金子般的心脏，他就能成为真正的人。

所有泥人都知道这个传说，但从古至今都没有一个泥人敢过河，因为他们都知道，只要碰到河水他们的身体就完全消融了。然而，偏偏有一个小泥人要过河，想成为真正的人。

"真是傻瓜一个，你难道不知道泥人过河自身难保吗？"

"拜托你别干蠢事，因为你会让我们所有泥人都成为笑话的！"

"要变成真正的人？真是天大的笑话！"

……

同伴的嘲笑并未改变小泥人的初衷，他就是想过河，想让自己成为一个真正的人，因为他不想一辈子就做这么个默默无闻的小泥人，他想有一片属于自己的天空。然而，他心里也十分明白，要想实现梦想，就必须付出代价，必须要经受得住地狱般的考验。

小泥人来到了河边，两眼充满渴望地望着河对岸。他只在河边站了一下便双脚踏进冰冷的河水里，顿时一种撕心裂肺的痛覆盖了他整个身体，他感到自己正在飞快地溶化着。

"回你的岸边去吧，否则你将死无全尸！"河水大声咆哮着。

小泥人没有理会河水，而是继续沉默地往前走，每一步都是煎熬。尽管那是撕裂般的疼痛，但他始终没有犹豫，更没有回头看，而是一直望着对岸。此时的他没有后悔的余地了，因为他已经走到了河中心。这是一条无法回头的路，他别无选择，只能继续往前走。

小泥人觉得自己已经被彻底溶化了，但对岸的野草、鲜花、奔跑的兔子、歌唱的鸟儿，以及坐在大树下乘凉的农夫，所有这一切都依稀在他眼前闪耀着。

就在他倒下的那一瞬间，他居然脱胎换骨了，变成了一个有血有肉的人，摸一摸胸口，那心脏正热热地跳动着。

心灵人生

生命是一个过程，在这一过程中我们的生命被一种叫做"苦难"的
东西慢慢消磨着，与此同时，我们也在慢慢地蜕变着自己。我们都想得到
点什么，例如幸福的生活和全新的自己。任何一个没有理想的人都是泥人，
他们喜欢一边嘲笑有理想的人，一边慢慢地风化自己的躯体。

17 挫折激发力量

感谢那些没有把我们打倒的挫折，因为是它们让我们变得更勇敢。

相传在公元前 2600 年的战场上，有一名士兵不幸被敌人的箭射中
了身体，他的战友们赶紧过去救他。

当战友们赶到时，发现这名中箭的士兵只是受了点伤，并无生命危
险，头脑也还非常清醒。战友们把他身体里的箭拔了出来，送他回去
疗伤。

过了一些时日，这名士兵的箭伤完全好了，不但如此，他原来患的
一些疾病也在这次箭伤后慢慢有所改善，他自己和战友们都困惑不已。

没多久，战场上的另一名士兵也被敌人的箭射中了，情况和第一名
士兵一样，非但没有生命危险，连其他疾病也慢慢地好转了。

有医生经过多次观察发现，已有多名士兵出现了同样的情况。他们对这种现象进行了仔细的研究，发现用石头、荆棘等物体扎刺了身体的某些部位后会出现意想不到的疼痛减轻的效果。

后来他们开始有意识地用一些尖锐的石块、兽骨来刺身体的某些部位达到治疗疾病的效果，逐渐发展成为如今中医界最独特的针灸疗法。

心灵人生 🔍

　　人类之所以能变得像今天这样强大，正是这千百万年来不断改变自己以适应环境的结果。痛苦并非毫无价值，不管是肉体上的还是精神上的，它都能让我们变得更加坚强。过去，苦难不停地折磨着我们，让我们变成了强大的自己；现在，苦难依然在陪伴和塑造着我们。

18 障碍越高，跳得越高

不屈不挠是上帝给我们人类的最好礼物，只要有了它，即使没有翅膀也能飞翔。

阿费烈德是一名外科医生，有一次在解剖尸体时发现了一个很奇怪的现象：人们体内病变的器官并不像大家所想的那样满目疮痍、惨不忍睹，反而要比正常的器官强壮得多。这究竟是为什么呢？

对于这一现象，他最早是从一具患有肾病的尸体里发现的。刚开始时，阿费烈德跟其他医生一样认为患者的肾一定很糟糕，但是，当他从尸体中取出肾时，惊讶地发现那个患病的肾要比正常人的大很多，而另外一只也比正常人的要强。

慢慢地，在阿费烈德多年的医学解剖中，他不断发现人体器官都存在着类似肾病患者的情况，例如心脏病患者的心脏比正常人的要大，各方面功能也更加强大。

阿费烈德发现，这种现象并不是单一存在的。许多学美术的学生的视力都比正常人的要差，有的甚至是色盲患者。阿费烈德对这些病例进行重复试验，最后大胆推测，这种现象广泛存在于人们的生活中。

为了使自己的预测得到验证，阿费烈德进行了多次的调研，结果证实了他的预测。

他在对艺术院校教授的一些调查中发现，大多数教授之所以取得成就或者走上艺术之路，是受了一定生理缺陷的影响。在普通人眼里，这种缺陷会是阻碍，但却成为了促进他们追求艺术的动力。

还有，几乎所有盲人都拥有出色的听力，那些失去双臂的人会比四肢健全的人拥有更好的平衡感。

阿费烈德综合种种事例，提出了"跨栏定律"：生活中的阻碍犹如跑道上的栏杆，栏杆越高，人们就会跳得更高。

心灵人生 🔍

超强的人体适应力似乎是人类与生俱来的，甚至几乎所有生物都如

此。上帝是公平的，他在关上一扇门的同时会打开另一扇窗。所以，不要

因为上帝关了你的门而难过，更不要低估自己，只要努力避开障碍，你就

能跳得更高。

19 ▶ 成功在于敢攀登

在成功面前，任何投机取巧都会被识破，只有真正付出了努力的人才能

得到赏识。

有位老禅师要从众僧推选出的两名弟子——觉远和觉能中选出一

人来继承自己的衣钵。

一日，老禅师带着觉远和觉能来到寺庙的后山，望着高耸陡峭的山

峰对他们说："这座山的山顶有两捆柴，你们爬上去后，一人背一捆下来，

正午过后，回寺见我。"老禅师走后，觉远和觉能便开始爬山。

正午过后，觉远和觉能每人都背着一捆柴相继回寺，不同的是，觉

远安然无恙，而觉能却满身是血、伤痕累累。

老禅师把觉远、觉能二人领到众僧面前，对众僧说："后山陡峭无比、

险象环生，既无阶梯也无山路，爬山者想要爬上山顶，只能从峭壁上

爬去。如今觉远、觉能都已归来，你们说说看，他们谁更适合继承我的

衣钵？"

众僧议论了一番后，有人提议道："觉远从山上下来后毫发未损，

说明他能力更强，理应由他来继承您的衣钵才对。"其他弟子纷纷点头表示同意。

老禅师深思片刻道："悬崖如此陡峭，按理说不可能不受伤。觉远之所以毫发未损只有一种可能，那就是——他没有攀岩！"

听见自己的师父这么说，觉远羞愧地低下了头。

"那何以确定觉能就攀岩了呢？"支持觉远的弟子仍表示疑惑。

"觉能满身伤痕就是他攀岩的证据。"老禅师笑着解释道，"所有跌下来的人，都是向上爬的人。"

心灵人生 🔍

成功是不容易的，这就像爬一座山，只要你往上爬就一定要付出努力，并随时都有跌倒的可能。并非所有人都能义无返顾地付出，因此成功常常只属于少数人。有些人以为只要耍点小聪明就能将成功顺手拈来，如果真能这样，那这种成功也一定不长久，因为它本来就是不可靠的。

20 做一个仰望天空的人

当你抬头挺胸、义无返顾地追逐你内心的呼唤时，你已经走在人生的康庄大道上了。

泰勒斯是古希腊的思想家和科学家，常常会因为思考而入神。

传说有一天晚上，泰勒斯见星空晴朗，便一边行走一边抬头观察星星。因为太入神，他没看见前面有一个深水坑，竟一脚踩空，整个人像石头一样掉了下去。

受了惊吓的泰勒斯回过神来，发现坑里的水已淹及自己的胸部，更糟糕的是，他爬不出去，只好大喊救命，幸好有个路人经过，才把他救出水坑。

泰勒斯没向路人道谢，而是摸了摸摔痛了的身体，莫名其妙地说了句："明天会下雨！"

路人以为泰勒斯是个傻子，笑着摇摇头走了。路人回到家以后，把泰勒斯的话当成笑话讲给家人和朋友听。

让人们没想到的是，第二天果然下起了雨，这让大家对泰勒斯开始刮目相看了。然而，有人却不以为然，依然把泰勒斯当成傻子："哼，他虽然知道天上的事情，却看不见脚下的路，这难道不傻吗？"

两千年后，德国哲学家黑格尔说："如果一个民族只关心脚下的事情，那么这个民族是没有未来的；只有当这个民族学会了关注天空，这个民族才有希望。"十九世纪的英国作家王尔德也曾说过类似的话："我们都生活在阴沟里，但仍有一些人还在仰望天空。"

心灵人生 🔍

有追求的人常常是寂寞的，特别是当这种追求无法被他人理解时更是如此。所谓追求，它不是一种强迫性行为，而是源自内心的真实渴望，

一旦有了这种渴望即使路途中再寂寞也能坚持下去。所以，天才的伟大之

处就在于他们清楚自己需要的是什么，并全神贯注地为之努力奋斗。

卷三

生命从来都是乐天的

卷三
生命从来都是乐天的

　　尽管梦想一直在支撑着你，让你不畏艰险地走到了今天，但你始终在怀疑：我有可能实现自己的梦想吗？于是，你的思绪开始飘飞，从今天的锦衣玉食一直飞到了昨天的茹毛饮血，你发现人类始终在进步着。世上本没有路，所谓的路都是从最泥泞、最坎坷的地方走出来的。你坚信自己也能走出一条路，因为生命从来都是乐天的。

绝望来袭不妨抬头看看天

01

悬崖下隐藏着的从来都是无边的绝望，真正的希望是挂在蓝天之上的。

时隔多年，这是他第一次主动联系自己的老同学。

在一家高楼露天餐厅上，他俯瞰着楼下的世界，不禁冒了一身冷汗。

"你有恐高症？"朋友关心地问。

他有点尴尬地回答说："你是知道的，我从小在农村长大，读大学之前都没见过高楼大厦。"

"抬头望一下天空吧，这样会好受一点。"老同学建议道。

他照做，果然没事了。

"你这次遇到难事了？"坐下后，老同学小心翼翼地问他。

"你怎么知道？"他有点吃惊。

"咱们这么多年同学，对你还不了解？今天你主动找我，就说明你遇到大问题了，否则你绝对不会这样做。"

他无奈地点点头。

"今天咱们难得聚在一起，我就告诉你一个秘密，"老同学凑到他耳边小声地说，"我曾寻过死！"

"这怎么可能？"他又吃了一惊，"我们同学中，就你混得最好，你怎么会……"

老同学和他干了一杯酒后，叹了口气说："六年前，我做的几桩生意都砸了，欠了八百多万元的债，债主天天上门追讨。我那时想，八百多万元，这一辈子都还不起啊！我想到了死，于是来到了郊外的一座悬崖上。我正要跨出那一步时，耳边传来了一阵充满原始野性的山歌，让我忽然对生命有了留恋。当我再低头往下看，只见下面是一片黝黑的森林。我害怕了，退后了两步，抬头看着天空，希望的亮光在我脑海一闪。我决定活下去，从头开始，直到今天为自己争取了这一切。"

"原来你也经历过黑暗时代。"他听后不禁叹了口气。

"之所以跟你分享这个秘密，是想告诉你，遇到困难时一定要记得抬头仰望一下天空。"老同学又喝了一杯酒，"钱的问题我一定会帮你，但能否走出心理困境，就要靠你自己了。"

心灵人生 🔍

在绝望面前，如果第一时间想到的是死，那么你永远也见不到希望。

只有弱者才会把死当成解决问题的方法，因为强者都明白，死是一种逃避，

也是世上最坏的选择。如果你的问题能用钱来解决，那你应该感到高兴，

因为苦难从来都不把钱放在眼里，它惧怕的是你心头的希望。

02 用笑脸迎接明天

如果今天你一定要离开，请带着微笑离开，因为明天将会是新的开始。

女孩一直坚守职位，对工作认真负责，所以她一点也察觉不到那天的异样，直到经理把她叫进办公室，叫她下午去财务部结清这个月的工资，并告诉她："抱歉，你被辞退了。"

中午的时候，她才反应过来，坐在公园的长椅上独自难过，她完全想不明白自己哪里出了错而导致被老板炒鱿鱼，她更加不敢想象同事会在背后说她什么。她想倾诉，第一个想到了自己的母亲，于是哭着打电话把这件事告诉了母亲。母亲耐心地听完她的倾诉，然后乐呵呵地对她说："这是一件很小的事，你面带微笑地迎接它就好了。"

女孩被母亲乐观的笑声感染，自己也努力尝试着笑了一下，接着再笑一下，突然心情变得好多了。"这其实没什么，不过一份工作而已，而同事的反应又何必去在乎呢？我已经失去工作了，绝不能失去笑容。只要我面带微笑，我相信一切都会很快过去。"她在心里对自己说。

那个下午，女孩面带笑容地走进公司，与迎面而来的同事热情地打招呼，与平时无异，接着再从容地走进财务部。她很明白，离开公司只能证明这份工作不适合自己，自己会拥有另外一份适合自己的工作。

调整了情绪后，她再次露出了美丽的笑容，她觉得自己的天空不再是乌云密布，而是晴空万里。

心灵人生 🔍

　　生活中偶尔会出现一些让人烦恼的小事，对于这些我们难以预测也难以控制，但我们可以调整自己。我们不能左右别人的看法，但却可以改变自己的思路；我们不能控制事情的发生，但却可以调整自己的心态。在困难面前，只要你面带微笑，或许就是转变的开始。

03 人生本来就很美

生活从不缺少美，缺少的是发现美的那双眼睛。

　　记得刚刚到纽约的时候，我去探望一位搞艺术的好朋友。

　　走进他的工作室后，我差点窒息了。工作室里烟尘飞扬，到处弥漫着一股浓浓的油漆味。此时我的朋友，正在一丝不苟地修复着古董。

　　我听说他最近过得不是很好，在这样一个破旧的工作室里，我想他的心情应该更加不好。然而，我并没有从他的脸上或什么地方看到丝毫的不愉快，他始终很专注很仔细地把碎瓷片一块块地拼起来，接着黏合、填补、打光，然后画花纹，最后上色彩，这些都是他自己一个人完成的。

　　朋友满意地看着古董，微笑着陪我走出那个刚才还像战场一样的工作室，跨过雪地的泥泞，走在曼哈顿逐渐昏暗的街上。

　　"你看，这里多美！"他那张英俊的脸上带着一丝微笑。我们穿过了高楼大厦，走在似乎永不会冷清下来的街道上，看看身边各式的流浪者，看看城市夜晚的天空。朋友指了指高楼，又指了指这些流浪者，感慨地说："纽约，一个藏着美的城市！你看所有的这一切多美，这楼，这人，这街道……"

　　我转过头，看见他脸上洋溢着灿烂的笑容，一种真正发自内心的笑容。

　　"他才是真正的艺术家。"我不禁在心里感叹，"尽管他的工作环境很恶劣，尽管生活不如意，但他依然带着美好的微笑继续热爱自己的生活。"

　　心灵人生 🔍

　　　　人类本来就是一个充满美的种群，由人类组合而成的社会、由人类创造出来的生活也都充满着美。当然，生活中也有很多丑恶，但能把这种丑恶看成美的一部分的人，这表明他已经站在了巨人的肩膀上，代替上帝去审视这个世界。生活永远是美好的，我们应该始终坚信这一点。

04 乐观改变命运

如果你把每一天都当成是人生的最后一天来活，那么你的人生必然精彩百倍。

故事发生在五十年代，一家大医院的两位患者同时怀疑自己得了肺结核，并且一起检查，一起等待结果。

检查结果出来了，可由于医生当时的疏忽，竟把两位患者的化验单给搞错了，由普通感冒引起咳嗽的患者被告知患有肺结核，而真正患有肺结核的却说是普通感冒。

谁也没想到这样的结果却导致了两个人不同的命运。

两年后，真正得了肺结核的患者不治而愈，像健康人一样活着，而那位只是感冒引起的呼吸道感染的患者却已经不在人世了。

原来，真正患肺结核的患者原本心情低落，觉得自己再也没有活下去的希望了。然而，当他拿到写着普通感冒症状的化验单时，心情突然开朗起来，觉得自己仿佛在鬼门关走过了一次，非常感恩生命。在接下来的生活中，他非常爱惜自己的身体，珍惜生活的每分每秒，最后肺结核竟不治而愈。

而那位原本只是得了普通感冒的患者在接到患有肺结核的化验单后，整天都郁郁寡欢，觉得自己的生命快走到尽头了，时常为自己的遭遇感到伤心难过。慢慢地，原本只是普通感冒的他真的患上了肺结核，不久便离世了。

心 灵 人 生 🔍

医学上已经证明，健康积极的心态对治疗疾病是非常有帮助的。人们常说，每一剂药都只有三分实际疗效，其余七分完全取决于患者的心态。所以，患者吃的不是药，而是心灵安慰。不管从哪个角度来讲，积极乐观的人生态度都是一笔难得的财富，只要有了它你的生活就必定是幸福的。

05 人生没有过不去的坎

天无绝人之路，当你觉得寸步难行时，你要做的是改变一下方向继续走下去。

自古以来，犹太人都是头脑聪明的生意人，他们有句名言：没有卖不出去的豆子。

卖豆者如果没有将豆卖完，剩下的豆子他可以拿回来泡在水里让其发芽，几天后就可以卖豆芽了。如果豆芽无法全部卖完，那剩下来的可以让它们再长大些，长成豆苗，这样一来就可以卖豆苗了。当然，豆苗也有卖不出去的时候，那怎么办呢？这时可以让豆苗再长大些，过一段时间将它们移到花盆里，就可以当盆景来卖了。

有人也许会说："不可能吧，有谁会买豆子盆景呢？"没人买豆子盆景也没关系，犹太人只要一动脑筋就有新点子。这时可以把豆苗移植到泥土里，让其继续茁壮成长，过不了多久豆苗就会结出许许多多的豆子，这样不就有更多的豆子卖了吗？

所以，在犹太人看来，卖豆子的人是世界上最幸运的，因为世界上没有卖不出去的豆子。

心灵人生 🔍

人生就像一颗豆子，在成长的路上会遭遇各种挫折与磨难，这些挫折与磨难让你逐渐长成了豆芽、豆苗，最后结出丰硕的果实。你之所以能最后结成硕果，是因为你一直坚信自己的生命从来都没有失败。所以，你不断地改变自己，让自己适应了这个社会，最后成就了自己。

06 总有爱让你活下去

生命是一趟永远也无法回头的短暂旅程，你无须急着半路下车，因为你始终要下车。

有个想不开的男人在树林里找了一棵大树，准备上吊自尽。

当男人将绳子绑在一根强壮的树枝上时，树枝说："亲爱的，你不能在我身上吊死啊，小鸟正想要在我这筑巢呢！我好不容易盼到它们的到来，如果你在这里上吊，我便会折断，我可爱的小鸟可怎么办啊。请你谅解，就当做是可怜一下小鸟吧。"

男人听了，觉得不能毁了这根树枝的一片爱心，于是就找了另外一根树枝。

当他再次将绳子绑上去时，这根树枝也开口说话了："亲爱的，请你别在我这里上吊吧，春天快来了，我要准备开花，到时蜜蜂就会从各地飞来这里采蜜，给我带来了很多乐趣。如果你上吊把我折断了，蜜蜂会因为采不到蜜而失望难过的。"男人听了，觉得自己若是在这根树枝上上吊会很残忍，于是寻找第三根。

"请你到别处吧！"男人还没开始绑绳子，第三根树枝就开口说道，"年轻人，我努力把自己伸得远远的，为的就是想让那些疲惫的旅行者能够在我这里得到一丝凉快，这也是我活着的最大意义啊。如果你非要在这里上吊而折断了我，那么我唯一的乐趣也就享受不到了。"

这时，男人陷入了思考，脑海里浮现出了自己爱着的亲人、朋友，想到了爱自己的父母，甚至想到了每天回家都会扑到他怀里的小猫咪。他不断地问自己："我为何要自杀？连树枝都如此迷恋这个世间，都如此热爱身边的事物，可我……"

想到这里，年轻人走出了树林，因为他决定继续活下去。

心灵人生　🔍

　　生命对于每个人来说都只有一次。我们的生命就像一张白纸，我们总想在上面画点什么。死，永远是一件不必着急的事情，因为它始终会来临。不管有多少理由，人都没有必要自己结束自己的生命，因为只要我们还活着就是一件有意义的事情。

07 乐观的人生不怕失去

当灾难来临时，害怕和担心都改变不了现实，我们能改变的只有自己的心态。

有个男子搭乘渡轮前往法国，中途遇上了强大的风暴，他和船上的许多乘客一样，都显得十分惊慌，不知所措，甚至有人吓得哭出声来。

男子隔壁坐着一个老人，只见他一脸平静地做着祷告，嘴角微微上扬，神态十分安详。

"刚才的风暴您不感到害怕吗？"风浪过去后，男子忍不住问老人。

"风暴有什么好害怕的？"老人笑着反问，"我一把年纪了，在这世上就只有两个最心爱的人，就是我老伴和我女儿。"

"那您的老伴和女儿今天为什么不陪在您身边呢？"男子问。

"我老伴已经离开我去了天堂，"老人回答说，"我女儿住在法国，这次去法国就是为了看望她。"

"对不起。"男子抱歉地说，"能不能告诉我您刚才都祈祷了什么？"

"刚才暴风雨来临的时候，我对上帝祈祷说，如果我去了天堂，我希望能和老伴相聚；如果我还能继续活着，那我就去看我的女儿。无论是生是死，我都不会难过，都能跟自己最心爱的人在一起。"老人回答说。

"所以您才不会感到害怕，对吗？"

老人点点头。

男子细细品味了下老人说的话，若有所得。

心灵人生

人生路上时常有不如意，我们无法阻止不如意的到来，甚至也无法做任何事情来改变它，我们唯一能做的，或许就是改变自己的心态。当对灾难无可奈何时，我们应该想想自己还拥有什么，还能有什么东西可以失去，这样想了之后人就会变得坦然很多。

08 忧虑是自己吓自己

我们本来就拥有一副健康强壮的身体，很多疾病其实都是由于过分忧虑而导致的。

有一天，杰克觉得自己生病了，便从书柜上找出了一本医学手册来读。

杰克根据自己的症状读完了相关内容，确信自己患了霍乱。"糟糕，原来自己得了霍乱都几个月了！"杰克惊呆了，"可能我还得了其他什么病！"于是他继续读了下去，直至读完了整个手册。

"原来除了膝盖积水症外，我全身都是病！"杰克惊恐不已，额头不禁冒出了冷汗，紧张地在房间里来回踱步。为了确认自己还能活多久，杰克给自己做了一次诊断。他先量了自己的脉搏，竟然一分钟跳了140次！接着，他又去找自己的心脏，但无论如何也找不到。"心脏一定还在，只是我找不到而已……"一种恐慌情绪一时间在在他心里蔓延开来。

"这简直太可怕了，我不能继续再这样下去，我要去找医生！"杰克想起了自己的一个医生朋友，便以最快的速度冲进了朋友的家门。

"我的朋友，不要告诉我有哪些病，只说一下我没有什么病！"杰克满脸愁容，"还有，我还能活多久？"

医生朋友被杰克吓坏了，赶紧为他做了诊断。诊断做完后，朋友并未多说什么，只是舒了一口气，坐在桌边写起了药方。药方刚一写好，杰克连看都没看，就迫不及待地塞进口袋，立即往药房奔去。

药剂师接过药方，只看了一眼就退给杰克，说："先生，这里是药房，不是士多店，更不是饭店！"

"你什么意思？"杰克一脸糊涂地接回了药方，只见上面写着：

"煎牛排一份，啤酒一瓶，六小时一次；十里路程，每天早上一次；好好享受你的生活，不要被自己不懂的事塞满脑袋！"

心灵人生 🔍

　　社会不同行业的分工并非是某个天才的杰作，而是社会发展的必然

结果，因为世界上我们不懂的东西太多了，我们充其量只能专其一二而已。

如果你不是医生，却相信能独自确诊病情，那你基本上就是在自己吓自己。

人应该活得从容乐观，即使真的有灾难降临了，也总有解决的方法。

09 灾难背后总有转机

天无绝人之路，当一条路走到尽头时，一定会有另一条路让你继续走

下去。

　　有位刚从城里做完买卖的少年，身上带着一大笔钱快马加鞭地往家

里赶。

　　由于交易十分顺利，这位少年的心情跟最近这几天的天气一样，阳

光明媚。可是到半路的时候，天空忽然晴转多云，不多久乌云密布，下

起了倾盆大雨，将少年淋成了落汤鸡，让他狼狈不堪。

　　"这该死的老天爷，早不下晚不下，偏偏在这时下起了大雨。得赶

紧找个地方避雨才行！"少年对着老天爷抱怨了几声，骑着马经过了一

片树林。他觉得树林是个不错的避雨之地，顺便也歇息一下。

　　正当他停了马时，突然从树林里冒出一个强盗，手里拿着一把猎枪

对着他。强盗面目狰狞地奸笑道："小子，我在这里等你很久了，快把身上所有的钱都交出来！不然后果你是知道的！"

少年吓得腿直抖，苦苦乞求道："大哥，我可以把我所有的钱都给你，但求你万万不要开枪啊！"

强盗正向少年靠近的时候，突然从天空划过一道强烈闪电，随后一阵可怕的雷鸣声轰隆响起，把少年的马吓得抬起前蹄长嘶一声。强盗也被雷鸣和闪电吓到了，竟一个趔趄摔倒在地。

少年见强盗摔倒在地，正是自己逃命的好时机，于是便迅速跨上马背，策马狂奔而去。等强盗从地上爬起来的时候，少年已经走得很远了，强盗只能在背后虚开了几枪。

少年安全回到家里后，双手合十感谢上苍："刚才我还抱怨是您的捉弄，现在我真的要感谢您下起大雨，要不是刚才的雷鸣声，我早就丧命在那强盗的枪口下了。"

心灵人生 🔍

很多事，未到最后关头我们都不知道是福还是祸。祸福可以相互转化的朴素辨证法或许是我们坦然面对生活的法宝。当遭遇苦难时，我们要告诉自己不要过分悲观，因为苦难背后或许就是新的起点；当处于幸福时，我们要有忧患意识，提醒自己珍惜当下的每一分每一秒。

10 ▷ 我选择，我快乐

在生命的长河里，人类从来都没有被苦难打倒过，因为只有人类能看到苦难背后的幸福。

作为美国一家普通餐厅经理，杰瑞是一位性格乐观开朗的人，每天上班总有好心情，别人问他最近可好，他总是说好，从未说过不好。

杰瑞的乐观感染了他身边的每一个人。员工们跟了他很多年，即使他换工作，许多员工也跟着换，因为杰瑞是天生的乐天派和激励者，只要员工心情沮丧，他都能鼓励大家往好的方面想。

有个朋友对此很不解，便问杰瑞："你是怎么做到整天都那么积极乐观的呢？"

杰瑞回答说："我每天早晨起床都要告诉自己，我今天有好坏两个选择，我可以选择好，也可以选择坏，但是我总是选择好的。"

"事情哪有那么简单！"朋友感到这样的回答很可笑。

杰瑞笑着说："事情并不复杂，万事都有好坏，我们都有选择的权利，为什么不选择好的呢？"

有一天晚上，餐厅闯进来三个持枪的歹徒，他们要挟杰瑞打开保险箱。由于过分紧张，杰瑞输错了一个号码，歹徒以为他是故意的，便开枪打中了他。邻居们很快报了警，杰瑞被送往医院抢救。

杰瑞得救了，但他身上依然留着一颗取不出来的子弹。

六个月后，朋友问杰瑞的身体如何，杰瑞笑着回答说："我能活着已经够幸运了，给你看看我的伤痕怎样？"

"我对伤疤感到恐惧，"朋友笑着拒绝了，"但我很好奇你当时是怎么想的。"

杰瑞认真地说："当他们的子弹射中我的时候，我倒在血泊中，我依然清醒地知道我面临着两个选择，选择活下去，或者选择就此结束。我选择了前者。"

心灵人生 🔍

生活就像一面镜子，你想它对着你笑，你得先对它笑。人生总会有不如意的事情发生。幸运的是，我们都还能自由选择。事物总有两面性，不如意的背后总是如意。当然，要发现痛苦背后的快乐是不容易的，这需要智慧，需要与生俱来的乐观。

11 笑尝人生苦

既然那些已经失去的东西是你凭借微笑赢回来的，那么只要你的微笑还在，你依然可以将失去的重新赢回来。

她是一位大龄未婚女青年，在结婚前一天被未婚夫抛弃，还骗走了她几十万元。祸不单行，酒店的人事部通知她第二天不用去上班了，理由是大龄女青年不适合当大堂经理。

这三个灾难就像三座大山一样压得她几乎透不过气来。被男人欺骗感情或许自己还能接受，但被骗走的那笔钱是自己从一个小小的服务员干到大堂经理，用了十年时间辛苦存下来的。当她以为还能再继续努力工作时，却被告知工作也没了！

朋友见她愁云满脸时都同情地安慰她，她总是微笑着说："我没事。"谁也不知道她是如何让自己振作起来的，总之，不管是在家人还是朋友面前，人们总能看到她干净的微笑，似乎这些不幸从未发生过一样。

有一次她在找工作的路上看到一位老人被一个小伙子撞倒了，小伙子逃之夭夭。她急忙跑过去把老人扶起来，还说要送老人去医院。老人很感谢她，说自己伤得并不重。

这时有警察过来了，询问了事情的经过。围观的路人惊讶地问老人："您当时没看见是谁撞的，怎么肯定不是这位姑娘撞的呢？"

"我一看就知道不是她，你看她的微笑多友善啊！"老人说。

后来她去应聘一家五星级酒店的大堂经理，竟出乎她的意料被录用了。后来经理告诉她，因为她的微笑很诚恳，很干净，肯定可以感染每一个客人。

找到了本职工作后，她更加乐观、耐心地工作，无论客人怎么刁难她，她都会先给客人一个友善的微笑。因为她工作出色，经理直接将她调到总公司当公关部经理。

心灵人生 🔍

　　脸上时常挂着微笑的人，如果不是天生的乐观就一定是饱尝了人间
悲苦，最后大彻大悟的人。我们每个人都拥有着一些东西，这些东西都有
可能被剥夺，都会离你而去，例如金钱、名誉、地位等，然而，有一些东
西是任谁也不能从你身上夺走的，那就是你的乐观与自信。

12　只要还活着就是幸福的

有时，微笑并不需要理由，只要你脸上挂起微笑，全世界都将是美好的。

　　有个十三岁的少年特别喜欢踢足球，可是在他上中学时腿部长了恶
性肿瘤，后来听从医生的建议做了截肢手术，从此失去了一条腿。

　　亲人和朋友都为他感到难过，但他自己并不怎么失落，而是开心地
告诉大家，他可以装一条假肢，还说要将袜子穿到这条假肢上。大家都
被他的乐观感动了，他让大家相信，即使失去了一条腿也没能让他的生
活发生改变。

　　尽管再也踢不了球，但他还是希望自己能够参与校队比赛，哪怕只
是在队里担任管理员，帮队友收拾东西，帮教练准备资料。大家见他这
么有心，也就同意了。

　　在比赛的日子里，他每天都准时到队里报到，把队友的日常用品都

准备妥当，并且常常为队友加油打气。每天他总是笑呵呵地给队友递水递纸巾，所有人都被他的乐观感染了。可没过多久，他再也来不了球场了，因为他的癌细胞已经扩散得很严重，医生说他最多只能活两个月。

他的父母决定不告诉他真实的病情，他依然每天都带微笑快乐地生活着。

他又一次回到球场上，微笑着给队友加油，同时做一些力所能及的事。队友们也不负重望，获得了满意的成绩。正当大家准备庆功，并借此特别感谢他的时候，他却再次被送进了医院。

过了一些时日，他总算出院了，尽管脸色无比苍白，但依然挂着笑容，以至教练见到他这个样子，都忍不住用有点责怪的语气说他不应该缺席宴会。"我在节食。"他微笑着告诉教练。

队友们精心为他准备了一份礼物，是一个有着所有队友签名的足球。他跟队友们道别时，开心地笑着，一脸坚定地说："我会永远跟你们一起。"

心灵人生 🔍

我们无法拓展生命的长度时，就要力求拓展其宽度。所幸的是，决定生命质量的不是长度，而是宽度。所以，不管是活得长久还是活得短暂，都一样能活得精彩。想要过得精彩，先要给自己一颗乐观的心。乐观是一种蓬勃向上的积极力量，它能感染所有人。

13 让笑脸赶走你的苦闷

那些笑口常开的人会让人觉得很美，因为美与丑并不长在脸上，而是长在心里。

莉莉大学毕业了，但还没找到工作，因为面试官说她的表情太过严肃，所以拒绝了她。

"表情严肃？"她很气恼，"难道我不想笑吗？"莉莉小时候意外被开水烫伤了下巴，一笑起来就特别丑，小伙伴们因此都嘲笑她，她于是就变得很自卑，一直没在人们面前笑过，直到现在也如此。

莉莉沮丧地坐在公园的长椅上，看着对面一对父女在放风筝。他们玩得多开心啊，小女孩笑得多甜啊！

那小女孩追着风筝，不小心跌倒了，就倒在莉莉面前不远处。莉莉想都没想，飞奔过去，把小女孩扶起来。小女孩抬头看见莉莉的样子，先是一愣，但很快就露出笑脸，说："姐姐，谢谢你，你下巴的蝴蝶真美。"莉莉没想到这个小孩子是如此天真可爱，心里的阴霾顿时消失了。

让莉莉更没想到的是，小妹妹主动亲吻了她的下巴，然后奔回爸爸的怀里。小女孩的爸爸望了莉莉一眼，然后对小女孩说："你看姐姐笑得多美！"

走在大路上时，莉莉头脑里不停地回想着小女孩说的话，想着想着竟情不自禁地笑了。莉莉已经记不得上次笑是什么时候，她只知道很久了，她没想到自己的伤疤会被赞叹为一只美丽的蝴蝶。莉莉想："就把那伤疤当成一只蝴蝶吧，蝴蝶总是美丽的，不是吗？"

莉莉重新调整了自己的情绪，又一次走进了一家公司的大门。不过，与之前的几次不同，这次，她是带着微笑而来的。

心灵人生　🔍

生活中，人们都很在意自己的模样，很大程度上讲，这是一件好事，是自我尊重的体现。然而，有些人把这种在意做过了头，这就变成了一种折磨。实际上，真正关注我们外表的人很少，反而是一副愁苦的表情更引人注意和反感。不管一个人长成什么样子，笑容都能让他更自信。

14 ▶ 别为失去的过不去

很多时候，哭泣是无法挽回某种失去的，我们之所以这样做，不过是发泄一下而已。

他曾经是万人敬佩的武术大师，特别是腿脚功夫无人能比。可是天意弄人，他在一次意外中失去了双腿。

在他昏迷时，弟子们看到他两条空空如也的裤管时都非常难过，他们不知该如何将这个不幸的事实告诉他。他一直有着"武林第一腿"的称号，弟子们难以想象当他知道失去双腿后的反应。

然而，当他清醒过来时，他的反应完全出乎弟子们的意料。他没有痛哭，也没有大骂，而是像平常一样，神态淡定。他在弟子们的帮助下坐着，吃了些饭菜后便转过身去练习内功。

练完内功后，弟子们都一脸茫然地看着他。这时，他面带微笑地对弟子们说："我自己的情况我自己有分寸。现在我要说两件事，第一，腿脚功夫你们仍然需要练习，我也会继续指导你们，但不能亲自示范；第二，我只是失去了双腿，我还有双臂，所以并不是废人，你们也不要因为师傅没有健全的躯体而放弃修炼武术。"

他的这一番话，算是解答弟子们心中的疑惑，也算是对他们的吩咐。

过了好多年，他在武术界越来越受人们尊敬。

有一位老朋友在得知他失去双腿后，不停地为他叹息，但他却微笑着对朋友说："我已经把过去都忘记了，现在的生活过得还不错，你怎么还在为我几年前的遭遇来扫我们相聚的兴致呢？"

心灵人生 🔍

人生常常会因为损失而变得不完美，因为不完美所以我们常常悲伤。其实，失去和得到一样，都是我们完整人生必不可少的一部分。即使失去了一些东西，我们的人生也依然掌握在自己手里。失去并非毫无价值，它会一直提醒着我们珍惜与感恩。痛苦的过去已经过去，没必要再记着。

15 ▷ 请带着真实的笑容

生活就像一面镜子，只要你毫无保留地对着它微笑，它就会毫无保留地
对你微笑。

瑞典某大学的一位教授曾经做过一个这样的实验：他请来 120 名学
生观看一些画有各种表情的图片，然后要求他们对自己所看到的图片做
出各种面部动作，包括生气、微笑和纳闷等，接着用仪器来获得和记录
他们的肌肉纤维发出的电子信号。

这里要说明的是，学生们所做的表情并不要求与图片表情一致，可
以是相反的。

实验数据显示，学生们都没办法很好地控制自己的面部肌肉做出
自己想要的表情，换句话说，学生们无法自如地让自己的表情"说谎"。
实验数据还显示，如果学生看到的是开心的表情，那么他们会反射性地
做出类似的表情，这对于其他表情也同样如此。

为什么会出现这样的结果呢？人的大脑中有"反射神经元"，它不
仅能使大脑清楚地辨识人的面部表情，还能向面部肌肉发出命令，使其
反射性地做出与所见表情相类似的表情。

从社会层面看，该实验至少有两方面的意义：

首先，不管一个人有多聪明，如果他要故意通过改变面部表情来欺

骗他人的话，那他所做的表情一定很不真实，很容易被对方识别。其次，如果一个人对他人微笑，那他人也很有可能以微笑回敬，并且这种微笑常常是真实的。

心灵人生 🔍

笑容体现的是一种积极、乐观的社会信号，面带笑容的人常常会更受欢迎，因为人类都喜欢美好、积极的事物。古今中外，人们对于表情从来不缺乏形容词，这说明表情有着丰富的内涵。一个大家都知道的事实是，并非所有笑容都是真实的，因为我们真的可以分辨出来。

16 ▷ 用微笑包容责难

每个人都有帮助他人的权利，即使他本身就是需要帮助的人。

有个小伙子患有糖尿病，腿还有残疾，走起路来一瘸一拐的，别人都会向他投来异常的目光。但小伙子对此看得很开，每天都乐呵呵的，甚至还经常把自己有限的爱心献给他人。

有一天，小伙子从医院坐公交车回家，车上挤满了人，他只好勉强地站着。在他面前坐着一位老太太，老太太到站下车时刚好空出了一个座位。他环顾四周，并没有老人和小孩，而自己也确实累了，便坐了下去。

正当小伙子闭目养神之际，耳边传来了批评声："这人真没爱心，年纪轻轻的也不给小孩让座。""就是啊，他站会儿又不会死。"小伙子睁开眼睛，才发现旁边站着位年轻妈妈，一只手抱着个小女孩，另一只手扶着旁边的座位边。"应该是刚才停站时上来的。"小伙子没多想，站起身来微笑着对这位年轻妈妈说："来，你坐。"年轻妈妈连"谢谢"都没说，就一屁股坐了下去。

当小伙一拐一拐地挪出脚步时，年轻妈妈先是一惊，然后很快胀得满脸通红，周围的乘客也都显得很尴尬，很内疚。

年轻妈妈叫住小伙子说："要不你坐吧，我快下车了。"

"没事的，我年轻人不怕站。"小伙子微微一笑，然后向车厢中间挪去。

心灵人生　🔍

人们常常喜欢以貌取人，以为面容丑陋的人其内心也是丑陋的，以为衣冠楚楚的人就一定是健康幸福的。乐观的人从来都不会被他人的眼光左右自己健康、积极的行为。我们都会把自己多余的东西施舍给他人，但真正高尚的人甚至会把自己也需要的东西奉送给他人。

17 乐观打倒苦难

苦难用刀子在我们身上划下了一道道伤口，我们却用不屈的意志把伤口愈合成伤痕。

　　杰克逊从病魔的血盆大口中逃脱后，成了一个右肢偏瘫的人，医生断言他将失去语言能力。就在短短的几周时间内，杰克逊靠自己的意志和努力恢复语言能力，他告诉自己要勇敢地活下去。

　　并非所有人都像杰克逊那样乐观积极，他的好朋友帕克由于事业的失败灰心丧气。

　　听帕克倾诉完内心的一切痛苦之后，杰克逊说："我给你看一样东西。"说着指向窗外农场上的一排高大茁壮的树木，树木间都横向紧绷着许多粗绳子。

　　"树木间的这些粗绳子起到了栅栏的作用。农场主嫌围栅栏麻烦，于是就在树木间围起绳子来当栅栏。"杰克逊说，"这些绳子对当时的树苗来说无疑是一种巨大的伤害，而这种伤害必定是终生的。不信你看。"杰克逊用手指指向一些枯萎的树木。

　　帕克朝着杰克逊指着的方向望去，果然如此。

　　"你再看那边。"杰克逊又指向另外一边长得葱葱郁郁的大树，"你知道为什么有的树枯萎了，有的树却却成长得如此粗壮？"

"你是想告诉我，只有不畏惧困难，不被困难打倒才能长成一棵粗壮的大树？"帕克问。

"没错。"杰克逊说，"你如果不能打倒困难，困难就会打倒你，有时候一旦自己倒下了，便没机会再站起来。我在和病魔做斗争的时候对此想了很多。你现在不过是事业失败而已，依然有健康的体魄，何不让自己重新振作起来呢？"

心灵人生 🔍

生活从来都不会一直风平浪静，更多时候是汹涌澎湃的，而这正是生活的魅力所在。遭遇厄运时，几乎每个人都会抱怨命运的不公平。一个事实是，世界上比我们更悲惨的人不可胜数，我们所谓的厄运不过是小痛小痒。与苦难的较量，你一定要赢，否则你将永远倒下。

18 ▶ 心明世界亮

心灵就像一面镜子，它反射的是个什么样的世界，全在于你拥有一颗什么样的心灵。

有个年轻人想把家搬到一座城市，他想知道这里怎样，市民是否友好，便问一个当地人。

"年轻人，你原来住的城市怎样？人们友不友好？"当地人不答反问。

"别提了，我之所以要搬出来，就是因为原来住的地方太糟糕了。"年轻人摇头叹气道，"那里的街道肮脏混乱，治安很不好；人们互相仇视，即使邻居见了面也不打招呼！"

"哦，是吗？"当地人说，"如果你因为这个原因而搬出来的话，那这里同样不适合你，你还是搬到其他地方去吧！"

过了不久，有另外一位年轻人想搬到这座城市，也向那个当地人打听情况。

"你觉得你原来住的地方怎么样？"当地人又不直接回答，还是如此反问道。

"我原来住的地方挺不错的，虽然是单元房，但邻居见了面还是会热情地打招呼，有时候甚至会请我去参加派对呢！"年轻人面带微笑地说，"不过因为我要到这里读书，所以必须得搬出来。"

"年请人，那你来对地方了！"当地人高兴地说，"这是一个很可爱的地方，你慢慢会发现这点的。"

有人不解地问这个当地人："对于两个年轻人的问题，为什么你回答的不一样呢？"

"世界是美是丑，是由人的心灵来决定的。"当地人答道，"心灵阴暗的人所看到的世界也是阴暗的，而那些拥有积极乐观的心灵的人，他们眼中的世界总是充满阳光的。"

心灵人生 🔍

　　不可否认，我们所生活的世界充满了阳光，但也有黑暗。到底是阳光多一点还是黑暗多一点呢？不同的人有不同的理解。在悲观厌世的人眼里，这个世界是被黑暗笼罩着的，到处都充斥着仇恨与邪恶。但在乐观积极的人看来，世界的每一个角落都有阳光，所有人都是兄弟姐妹。

19 ▷ 写好生命这本书

生命是上帝送给我们的一份珍贵礼物，即使只剩最后一分钟，也应将它谱写成一个华美的符号。

　　1952 年出生于法国巴黎的让·多米尼克·鲍比，是法国某知名服饰杂志的编辑，同时也是两个孩子的父亲。

　　在鲍比 43 岁那年，一场突如其来的"闭锁综合症"让他陷入了深度昏迷。20 天后醒来时，他的体重骤减了近 28 公斤，最可怕的是，他四肢瘫痪，丧失了说话的能力，全身唯一能动的只有左眼。

　　这种疾病至今都没有很好的治疗方法，这意味着鲍比往后的生活都得像"植物人"一样，仅能靠一只左眼来与他人沟通。

　　然而，鲍比不希望自己像睡着了一样毫无所为，他决心把自己病后的生活写成一本书，让世人也让自己获得力量。

知道鲍比的想法后，出版商派了一个叫门笛宝的笔录员来做他的助手，希望尽快帮助他完成著作。鲍比只能用左眼与门笛宝沟通，所以他们采取了这样一种写作方式：门笛宝按顺序读出法语的常用字母，鲍比就通过眨眼来选择，眨一下表示"是"，眨两下则表示"否"。

这种以眼代手的写作方式会遇到很多障碍和问题。鲍比是靠记忆来判断词语的，所以经常会出错。他们的进展非常缓慢，即使每天工作6个小时，刚开始时最多只能录一页，到后来也才增加到三页而已。然而，经过两年的艰辛劳作，他们还是坚持了下来，最终完成了著作——《潜水衣与蝴蝶》。

有人粗略估计了下，为了完成这本150多页的著作，鲍比左眼共眨了20多万次！

在这本书里，鲍比记录了自己作为"闭锁综合症"的生活点滴，包括与家人在海滩嬉戏、洗澡及朋友来访等，首周销售量就达15万本。不幸的是，这本书出版后两天鲍比就病逝了。

心灵人生 🔍

每个人的时间都是有限的，但我们却忽略了这点，直到病痛降临到我们身上时才醒悟过来。生老病死是人人都要面对的苦难，当它来临时，任何抱怨都无济于事。与其花费力气怨天尤人，还不如省点力气用来点燃自己的生命，让它发光发热。

卷四

将我最好的礼物给予你

卷四

将我最好的礼物给予你

虽然一路走来不容易，但你毕竟凭借着自己的力量走到了今天；尽管你还没有完全实现自己的梦想，但你已经拥有了别人无法拥有的东西。这时，你终于有时间回头看看自己走过的路了，却忽然发现这一路上走着的不仅仅是你自己，还有很多人，他们都迈着蹒跚的步履，走得异常辛苦。你想，既然自己已经远远地走在了他们前面，何不向他们伸出援手拉他们一把？

01 ▶ 给你我的所有

能够付出是幸福的，能够继续索取是幸运的，因为我们爱的和爱我们的

人依然还在。

　　从前，在田野边长着一棵粗壮的大树，有个小男孩常常来大树下玩耍，大树也很喜欢和这个小男孩玩。

　　时光荏苒，小男孩已经长成少年，再也不来大树下玩了，大树很孤独。

　　有一天，少年来到了大树下，大树非常开心："孩子，快过来玩吧，你看我结满了果子！"

　　少年摇摇头说："我已经长大了，我不想要果子，我想要钱，然后去外面玩。"

　　"对不起，我没有钱给你。"大树很难过，"不过你可以摘我的果子去卖！"

　　少年很高兴，摘了很多果子。

少年卖了果子有了钱之后，好长时间都没再到大树下了。

大树等啊等啊，终于等到了少年的到来，这时的少年已经变成青年人。大树高兴地对青年人说："孩子，快到我身上来玩吧。"

"我没时间陪你玩呢，"青年人说，"我马上要结婚了，但我没有新房子，你能给我新房子吗？"

大树听了忧伤地说："孩子，我没有房子，只有粗壮的树枝，你把我树枝砍下来拿去盖新房子吧！"

青年人很高兴，于是便把树枝砍了下来。

也不知过了多久，那个青年人又来到了树下，大树又愉快地叫他来玩耍。

"我没心情玩，"青年摇摇头，"我要养家糊口，需要一条船来打鱼。你能给我一条船吗？"

大树很难过地说："我没有船，不过你可以把我的树干锯下来做成一条船。"

青年人于是高兴地把树干锯了下来。

不知过了多少年，曾经的青年人已经变成了一个老人。老人来到大树根旁，大树根难过地对他说："很抱歉，我现在什么也给不了你了。"

"现在我什么都不想要，只想找个地方坐一坐。"老人说。

"好孩子，"大树很高兴，"坐我身上吧。"

老人坐在大树根上，泪流满面。

心灵人生 🔍

　　这世界上能够无私地为我们付出的，大概就只有父母了。我们这一

生中，真正能陪在父母身边的时间或许只集中在童年，等我们长大后，为

了理想和生活，我们必须离开父母到外面打拼。直到有一天我们也做了父

母，甚至变老了，才想起他们，但这时他们都已经不在了。

02 越付出，越富裕

世界上最富有的人，是那些还能继续付出的人，而不是那些只知道一味

接受的人。

　　从前有两兄弟，大哥头脑精明，喜欢斤斤计较，对自己的利益总是

紧抓不放；弟弟生性善良，从不介意吃亏，总是喜欢帮助他人。因为一

次意外，兄弟俩双双失去了性命。

　　兄弟俩来到了阎罗殿，等候阎罗王的安排。阎罗王查阅了他们生前

的事迹，告诉他们说："你们两个都没有犯下逆天大错，都可以重新投

胎做人。现在有两种人生，一种是专门给予，一辈子都要付出；一种是

专门接受，一辈子都得到他人的帮助。你们选择吧。"

　　大哥想："如果人的一生无论赚取多少都要施舍给他人，那太不值

得了，还不如安安心心等待接受好过呢！"大哥于是请求阎罗王让他投

胎做专门接受的人。

"那你呢？"阎罗王问弟弟。

心地善良的弟弟给阎罗王磕了三个响头，说："我没关系的，我就选择做专门给予的吧。"

"你们两个都确定了是不是？"阎罗王问。

"是的。"兄弟俩异口同声。

"那好，我可以先告诉你们自己所选择的人生是什么样的。"阎罗王说，"选择一辈子接受的，是城门下的一个乞丐；选择一辈子给予的，是大宅里的一个富翁。你们这就去吧！"

"等等，"大哥听说下辈子要当乞丐，吓出了一身冷汗，"为什么是乞丐呢？"

"你不懂吗？"阎罗王说，"一辈子接受别人的馈赠，那不是乞丐是什么？"

"那我弟弟下辈子是富翁又怎么解释？"

"当然是富翁才能够一辈子给予他人啊！"阎罗王大呵道，"别啰嗦了，你们现在就去投胎吧！"

心灵人生 🔍

想要有所收获必先学会付出，世界上从来都不会有免费的午餐。如果你还能够付出，你就是一个富有的人。如果你付出的是金钱，那么你就是一个有钱人；如果你付出的是劳动，那么你就是一个拥有健康体魄的人。

虽然每个人都需要得到他人的帮助，但不管从何种角度讲，接受都是弱者
的行为。

03 馈赠与施舍

任何付出都是一种真诚而友善的行为，哪怕付出的只是一朵美丽的玫
瑰花。

在法国巴黎的一个小公园里，人们总会看见一位老太太坐在路边乞
讨。来公园散步的人总会对老太太施舍一点钱，但老太太除了鞠躬道谢
之外，似乎并不感到快乐和满足，她依然神色黯淡，默默地坐在路边。

一位经常来公园散步的年轻人，他很早就留意到了这位老太太，总
想着要给她点什么。

一天，年轻人跟他女朋友来散步，正巧遇到有人在卖玫瑰花。女朋
友兴奋地对他说："你看，玫瑰花！"年轻人立刻买了一朵娇艳欲滴的
玫瑰花。女朋友心里高兴极了，她没想到只是随便一说，男朋友就要买
玫瑰花送给她。

然而，年轻人并没有把玫瑰花送到女朋友手上，而是走到那位老太
太面前，把玫瑰花递到她手上。这时，老太太紧紧地握住玫瑰花，亲了
一下年轻人，给了年轻人一个大大的拥抱，快乐得像一位少女，兴冲冲
地走了。

年轻人回头向女朋友微笑,女朋友也笑了。

"哎哟,我真笨,我应该买两朵的!"年轻人突然想到了什么,自责地说。

"不,刚刚那老人比我更需要玫瑰花。"女朋友说。

"嗯,你能这么想,你就是一朵玫瑰花!"年轻人调皮地说。

> 心灵人生 🔍

人的快乐常常来源于外物,主要有两个途径,分别是接受和付出。如果得到了他人赠送的礼物,每个人都会很开心,因为这是对自己的肯定,意味着自己被他人接受了。相比于接受,付出所得到的快乐更持久,因为它是主动的,是乐于分享的一种真诚感情的流露,也体现了自己的价值。

04 ▷ 上帝眷爱慷慨之人

一毛不拔的人拥有的永远只能是一毛,慷慨付出的人拥有的当是整个世界。

有个农夫生性善良,喜欢帮助他人,经常到各慈善机构去捐款,并且每次捐出去的钱相对于他的收入来讲都很多。

然而奇怪的是,虽然农夫捐出了那么多钱,但他仍是村里最富裕的人。村民们对此百思不得其解,他每次都捐那么多钱,怎么财产不减反增呢？

有一次，农夫又花了一大笔钱帮助一个朋友渡过难关，朋友感激之余也非常疑惑，就问他："我们都有一件事情想不明白，就是你帮助了那么多人，捐出去了那么多钱，为什么你的钱财反而越来越多呢？"

农夫是一个虔诚的基督徒，他笑着回答说："上帝教导我施舍比接受更加有福气。我捐出去的钱，对我来说是捐到了上帝的仓库里，这样一来，上帝也必会不断地将我的仓库填满。你想想，上帝的仓库一定很大，肯定比我的大得多，所以我捐得越多便越有钱。"

"你说的这些我无法相信。"朋友对农夫的这些话持怀疑态度。

"不，"农夫坚定地说，"你一定要相信我，我不就是一个很好的例子吗？"

心灵人生 🔍

我们总爱感叹自己不如人，工作不够好，钱财不够多，但我们却极少会去思考自己曾付出了多少。从经济学角度来看，任何付出都是一项投资，如果想要得到什么，必须先要学会付出。如果拥有的是智力或体力，那么你就应该付出它们来获得财富；如果你拥有的是财富，那么你可以付出财富来获得荣誉。

05 无功不受禄

不是付出换来的享受，有尊严、有信念的人始终觉得受之有愧。

一群多日没有吃过东西的难民来到了一个小镇上，排着长长的队伍等着镇长给他们派发食物。

队伍中，有个瘦高的小伙子特别显眼。当镇长把食物递到这个小伙子面前时，他并没有像其他人那样兴奋而着急地接受，而是很有礼貌地对镇长说："镇长先生，我不能白白接受你的这些食物，你有什么活让我干吗？"

镇长很惊讶，他没想到难民中会有人说这样的话。"这些食物是免费给你的，你不需要为此付出什么。"镇长仔细看了看面前的小伙子，只见他面黄肌瘦，身体微微颤抖着，显然好多天没吃过东西了。

"不，"小伙子态度很坚决，"如果没有什么活让我干的话，我没办法就这样白白接受你的恩惠！"

镇长很感动，但是实在想不出有什么活需要小伙子来干。没办法，镇长只好弯下腰来让小伙子帮他捶背。

捶了一会儿背之后，镇长说可以了。这时，小伙子才捧起食物，大口大口地吃起来。

镇长很欣赏这个小伙子，后来帮他找了份工作。小伙子工作很勤奋，很出色，镇长觉得小伙子以后会大有出息，便把自己的女儿许配给了他。

镇长果然没看错，多年后，这个小伙子成了一个石油大亨。

> ### 心灵人生 🔍
>
> 　　一个有智慧的人，从来都不会让私欲膨胀自己，也不会一味地去向
> 他人索取，因为在他心中一直深藏着"感恩"二字。所谓知恩图报，就是
> 指得到了他人的帮助就应时刻记挂于心，因为白白接受他人的赠予与乞讨
> 无异。只要我们还有手脚，就应该让自己有尊严地活着。

06 把快乐分给你

快乐其实一件很简单的事情，只要你能做到自己温饱时适当拿一些出
来分享给他人。

有对夫妇在路边经营着一家杂货店，店里的商品价格公道，不少顾
客都喜欢到他们店里买东西。

夫妻俩开这间杂货店的目的并不是为了多赚钱，最初只是为了给附
近的村民提供方便。能够体现夫妻俩这种经营理念的是小店的牌子，上
面写着：店内开水免费。

路过的行人一旦看到这个牌子，都会停下来到他们的店里喝口水，
歇一歇。不少人喝完水后会买点其他东西，然后继续赶路。

慢慢地，这家杂货店被越来越多的人所熟知，大家都非常乐意到小店里购买一些自己需要的日常用品。几年后，随着经济发展环境的改善，这对夫妇的杂货店很快成为了一家知名的百货商店。

就在百货商店发展得如火如荼时，夫妻俩做了一个让所有人都难以理解的决定：出售百货店。更让大家不可思议的是，夫妻俩将所得的款项全部捐赠给了村里的贫困村民，接着又在另外一条路边开了一家小店铺，店外依然挂着一个醒目的牌子：店内开水免费。

很多人都说这对夫妇傻，他们都这样问这对夫妇："以前的小店发展成为大百货商店，你们为何要将它出售了呢？"

夫妻俩相对一笑，丈夫回答："我们方便了别人的同时，自己也得到了快乐。何乐而不为呢？"

心灵人生 🔍

什么才是真正的幸福？千百年来，每个人都在苦苦寻求这个问题的答案。其实，人们已经找到答案了，只是大多数人都不接受而已。许多人活着的目的，就是为了得到更多的财富。毫无疑问，拥有财富确实能带来快乐，只要你以不同方式来消费这些财富，例如把财富赠予他人。

07 快乐是种奇妙的投资

对于富有的人来说，从他身上施舍出去的一点不过是九牛一毛，但他所得到的快乐却是无与伦比的。

有一天，一位富人带着他的儿子到郊外散步，当他们走到小路边时，看见了一双破旧的皮鞋整齐地摆在草地上。

"这皮鞋应该是附近劳作的农民的，并且这农民一定是一位老头子，他害怕把皮鞋弄丢所以才特意放在显眼处。"富人对他的儿子说。

"要不我们把他的皮鞋藏起来？如果他找不到自己的鞋子一定很着急。"儿子顽皮地说。

"儿子，你怎么能这样想呢？"富人严肃地对儿子说，"我们不要把自己的快乐建立在别人的痛苦之上。这双皮鞋的主人应该很穷，难道我们还要以他的贫穷来取乐吗？"

儿子红着脸低下了头，知道自己错了。

"我们有钱可以帮助穷人得到快乐。儿子，不如我们来做个实验吧，在他的皮鞋里分别放上钱币，看看他会有什么反应？"富人说着便取出了两枚钱币分别放进了两只鞋里，然后和儿子躲在树林中等待皮鞋主人的出现。

过了一会儿，果然有一位衣着破烂，满身都是污泥的老头子出现了。

老头子拍了拍手，坐下来准备穿鞋。当把脚伸进鞋里时发现有异物，拿出来看竟然是一枚钱币，另一只鞋子也有，他又惊又喜。

老头子跪在地上，眼里充满了泪水，嘴里念叨着："这一定是上帝可怜我那躺在病床上的老伴，可怜我那只没东西吃的狗。上帝啊，真的是太感谢你了！"

老头子走后，富人和他的儿子从树林里走了出来。

富人说："儿子，比起你之前想做的恶作剧，你是不是觉得现在会更快乐？"

儿子点了点头："爸爸，我以后也会像您这样帮助别人的。"

心灵人生 🔍

我们或许没有办法亲身体验他人所遭遇的痛苦，当我们还有所拥有时，就不要把自己的快乐建立在他人的痛苦之上。在一定时期内，资源都是有限的，因为个体存在着种种差异，所以贫富差距是必然存在的。当我们拥有的比别人多的时候，不妨施舍出一些来，这时我们所体会到的快乐是用钱也买不来的。

08 把施舍变成给予

如果你有能力付出，就不要轻易接受他人的施舍，因为付出与施舍有质的差别。

有个乞丐好几天没吃过饭了，于是便挨家挨户去讨饭吃。

他来到一户人家门口，开门的是一位和蔼的中年妇女。乞丐说："好心人啊，行行好给点吃的吧，我已经几天没吃东西了。"中年妇女看着乞丐笑了笑，并没有给吃的，也没有给他钱，而是指着院子里的砖头说："麻烦你帮我搬进里屋吧，我再给你钱买吃的。"

乞丐觉得眼前这妇女实在是过分，他都已经饿了好几天了，哪来力气搬砖呢？于是他哀求道："好心人啊，能不能就此给我点吃的呢？我已经没力气帮你搬砖头了。"中年妇女说："我搬了一早上，到现在都还没吃上饭。你要么就搬，要么就走人吧。"

乞丐无奈之下开始帮妇女搬砖。搬完最后一块砖头时，乞丐已是满身大汗。这时，中年妇女从屋子里拿出了钱，还有一条崭新的毛巾，递给乞丐。

乞丐接过钱跟毛巾连声说谢谢。他第一次觉得自己干活是这么快乐。

中年妇女说："你不用谢我，这是你通过自己的努力所得。"

乞丐听后感悟很深，离开时深深地给她鞠了个躬。

几年后，一辆小车停在这位妇女的家门前，走下来一位西装革履的男人，激动地对妇女说："我是来感恩的，谢谢你曾经教我的，要不是当初你让我通过自己的双手赚钱，我至今还是个乞丐呢！"

中年妇女笑了笑说："这都是你自己的选择，选择接受别人的施舍还是努力去给予，这些都跟我没什么关系。"

心灵人生 🔍

当我们已经习惯了别人施舍的时候，别人一旦没有达到自己的要求便觉得生气，殊不知别人根本就没有义务帮你。高尔基说过，给，永远比拿快乐。所谓"拿"就是毫不费力地接受，而"给"则是把自己努力付出的劳动所得施舍给他人，这不仅得到了快乐，也得到了尊严。

▶09 爱心没有阴谋

明知是一种欺骗还会义无返顾地付出的人，总比那些冷眼旁观的人高尚得多。

天空下着零星小雨，街上已经没有几个人了，只有几个乞丐站在路边，等待着路人经过。

我刚和朋友一起在外面吃了饭，经过了这里。那几个乞丐一见到我们，就像饥饿的狼见到猎物一样向我们扑来。其中有一个小女孩，明显是被人操纵的，很可怜，但是恰巧我们都没有零钱。

我很不耐烦地要走，但小女孩一直紧紧地缠着我们不放，还一度拉扯着我的衣角。我由厌烦变得愤怒，大吼道："滚开，我都说了我没零钱！"小女孩对这样的吼叫或许早已经麻木，还是扯着我的衣角不放手。

朋友这时笑着对我说："算了，我给她吧。"说着抽出一张百元大钞，小女孩一拿着钱马上就跑远了，连句谢谢都没有。

我很愤怒，大声地对朋友说："你明知道那一百块钱是给骗子的，为什么还要给？"

朋友语重心长地说："我不是给骗子钱，我只是为了让小女孩不被挨打。"

相比于朋友，我忽然觉得自己很渺小，同时也感到十分内疚。

我想起了一个与我遇到的情况类似的故事，该故事发生在俄国著名作家托尔斯泰身上。

托尔斯泰曾经有一次跟朋友走在大街上，看见一名衣衫褴褛的乞丐伸手向他们要钱。托尔斯泰想都没想，直接掏出钱包，抽出其中一张放到乞丐的碗里。他的朋友不满地说："你怎么就不想想，不怕他是个骗子吗？"托尔斯泰答道："我施舍的不是钱，是人道。"

对于这样的施舍，我们顶多只是损失了那一百块钱，但是却得到了原本就属于我们自己的高尚人格。

随着越来越多的人利用别人的善良谋取利益，让许多原本富有同情心的人不敢轻易地去帮助他人。这使得本来很善良的人变得冷漠，开始给自己穿上保护色，不再施舍他人。其实，我们不应该因为别人的行为而背叛自己的内心，因为施舍的，或许不在施舍什么，而在于施舍本身，是一种品格的传递。

10 人生不怕付出

天上不会无缘无故地掉下馅饼，这个世界没有不劳而获的人生。

有位牧师得了一种很罕见的病，要想很好地控制这种病不让其恶化，就必须每天喝新鲜的山羊奶。

然而，得到一头羊并不容易，牧师花了很多钱才买到一头母羊。虽然只是一头母羊，但牧师觉得很满足了，至少他这条命是能够保住了。他总是这样对身边的朋友说："钱只是身外之物，不需要太在意。"

既然自己靠着羊奶活了下来，他决定在自己的有生之年多做善事。他开始救济附近的穷人，还把多出来的羊奶送给老人喝。因为牧师经常做这样的善事，他在族群里的名声便越来越大，附近的人都知道了他的名字，都非常尊敬他。

一天，有个部落的酋长路过此地，想见见这位牧师。得知酋长要见他，牧师受宠若惊，觉得这是他莫大的荣幸，于是想送点什么给酋长。让牧师没想到的是，酋长看中了他的羊。按照当地的习俗，族里人所拥有的东西，无论多么昂贵，哪怕是人的生命，只要酋长需要都必须无条件地奉献出去。

牧师虽然知道这只羊是自己的命根子，但仍毫不犹豫地把羊送给了酋长。

牧师的慷慨感动了酋长，于是便把自己手中的手杖送给了他。

酋长离开后，牧师的仆人伤心地哭着说："没了羊您以后可该怎么办啊，恐怕是活不久了！"牧师也觉得自己活不了多久了，于是便让人们帮他准备后事。

正当他收拾东西的时候，忽然看到身旁的酋长手杖，激动地对仆人说："这手杖代表了酋长所拥有的权力，我得到了它，不就等于有权力得到任何我想要的东西吗？"

心灵人生 🔍

人们都害怕付出，喜欢坐享其成。然而，这个世界从来都很公平，如果你想获得什么，首先要付出，否则就没资格得到任何东西。虽然付出并不完全与收获成正比，但一般说来，付出得越多得到的也越多，而不付出则肯定得不到任何东西。当你不懈地付出了之后，你总会得到命运的眷顾。

11 ▶ 给你我需要的

把自己多余的东西拿去施舍的人都是好人，而把自己需要的东西也拿去

施舍，那他就接近圣人了。

一位富翁走在森林里，当他经过一个果园时，发现里面有个小男孩在干活，估计是园主雇来的小奴隶。

此时已是中午，小男孩干得满头是汗，有人给他带来了食物，他便停下来歇息，准备吃午饭。突然，不知从哪里跑来一只流浪狗，停在小男孩身边，两眼望着小男孩手里的面包。

小男孩扔了其中一块面包到流浪狗面前，流浪狗很快就将面包吃了，但还是没有走开。于是小男孩又扔了第二块、第三块。就这样，小男孩手里的面包都扔给了流浪狗，自己两手空空。小男孩似乎并不在意，很快又继续埋头干活。

富翁被小男孩的举动震惊了，便上前问小男孩："喂，小子，你一天的食物有多少呢？"

小男孩边擦汗边答道："我一天的食物是三块面包。"

"你将自己的三块面包都给狗吃了，那你自己吃什么啊？"富翁继续问道。

小男孩笑着说："我在这里很久了，这附近是没有狗的，这可怜的

家伙估计是走了很远的路才到这里的。它肯定饿坏了，如果我不给它东西吃而将它赶走的话，我心里会过意不去。"

富翁听了感动地说："那你今天还有什么东西吃吗？"

"我没关系的，还能熬，今天就不吃了。"说完便继续低头干活。

富翁觉得这小男孩很善良，就把小男孩和整个果园买了下来，然后解放了小男孩，并把果园送给了他。

心灵人生 🔍

对于造物主而言，生命本无高低贵贱之分，但人类却把生命分成了三六九等。穷人是没有必要做慈善的，因为他们本身就是被帮助的人。需要做慈善的是政府和富人，因为他们一个能够调配财富，一个占有财富。然而，如果穷人也依然要做慈善的话，那他将会感动所有人。

12 ▶ 别把施舍当恩赐

施舍如果只是用来炫耀的工具，那么施舍者无疑就沦为了智慧上的乞丐。

战国时期，齐国大旱，好几个月都没有下雨，田里的庄稼全都枯死了。庄稼没有收成，农民没饭吃，只能用吃树叶和树皮来维持生命，树叶树皮吃光时，就只能吃草根了。

灾民们眼看就要饿死了，可是富人们却依然吃香喝辣的，丝毫没受到灾荒的影响。

其中有个富人叫黔傲，看着穷人一个个被饿死，他想从中取点乐子，叫家里的仆人把刚做好的窝窝头放在路边，准备施舍给路过的饥饿灾民。

每路过一个饥民，黔傲就丢一个窝窝头过去，一脸傲慢且大声地说："叫花子，随便吃！"当一群饥民过来的时候，黔傲便丢一个窝窝头，让他们互相争抢，而他自己则站在一旁看热闹，带着得意的微笑，看上去甚是开心。此时此刻，他觉得自己就是个乐善好施的活菩萨！

这时，有个饿得瘦骨嶙峋的灾民刚好路过，只见他乱蓬蓬的头发，破烂的衣裳，一双已经破到不能再破的鞋子。由于几天都没吃过东西，他走起路来摇摇晃晃的，仿佛再走一步就要晕倒。

黔傲看见这个饿得快不行的灾民，顺手拿了几个窝窝头，还叫人盛了一大碗汤，对他吆喝道："喂，这是给你的！"出乎意料的是，这个灾民并没搭理他，而是继续往前走。黔傲以为他听不到，便加大嗓门吆喝道："喂，听到没有，这些都是给你的！"

这时，只见那灾民忽然抖擞起精神来，瞪大眼睛看着黔傲说："收起你的好心吧，我今天就是饿死也不会接受你这傲慢之人的施舍的！"

黔傲真是没想到，面前这个饿得已经快要死的灾民竟然还保持着如此让人敬佩的人格尊严。黔傲一脸羞惭，半晌说不出话来。

心灵人生 🔍

　　施舍本来就应该是一件小心翼翼的事情，虽然是好心好意，但也有可能伤害到他人的自尊心。现实世界里，这样的情况也依然很多。如果不声张，带着一颗真诚的心去给予、去施舍的话，他人是可以接受的。但如果把施舍变成了"嗟来之食"，恐怕任何一个有尊严的人都不能接受，而施舍的人如果真的还有一点善心，那么他就应该避免这种行为。

13 奉献无分大小

当你把索取作为人生目标时，你将会一无所有，因为只有那些无私奉献的人才是真正的富翁。

春天，一颗植物破土而出，它迎着灿烂的阳光，吸收着早晨的雨露，逐渐伸出叶子，到处观望，为自己的生命感到欣慰和兴奋。

"我要长大！我要美丽！"它对自己说，"我要让所有看到我的人都为我的美倾倒，这才是真正的生活。"

几天后，它长出了花蕾，开出了艳丽的花朵，花朵在太阳底下展现出迷人的姿势，还发出香甜清新的气味。小伙子们兴奋地将这些花朵摘下来送给了自己心爱的姑娘。

"不错！"它高兴地说道，"能够将美丽和芳香传达到世界各地，并且能够让世界多一些甜蜜与温馨，这便是我要的生活啊！"

肃杀的秋天虽然姗姗来迟，但毕竟还是来了。早已枯败的花，此刻孤独寂寞地站着秋风里，但内心相当平静。"我知道，花儿不可能一直绽放不败！"它说，"只要用心去做了自己力所能及的事情，哪怕很微小，也是值得骄傲的。"

日子一天天过去了。有一天，来了一位大夫，他将植物的叶子剪了下来。"这些叶子可以治疗瘀伤，如果蒸汁还可以治疗内伤。"大夫自言自语道。

它听了十分开心："我还能够治病？这真是我的荣幸！我的存在原来还有那么大的用处！"

到了冬天，干枯的它只剩下茎秆孤寂地竖立在那里，被冰霜折磨得只剩下几片已经枯黑的叶子，零星地附在枝条上。

"现在一切都要结束了，一切东西都有终点。"它慢慢地闭上眼睛，显得很欣慰。

这时，来了位可怜人，他冻得全身发抖，贪婪地将它干枯的茎秆抱回家，切成段，然后放在炉灶里点燃。它的茎秆瞬间变成火焰，欢快地燃烧起来，原本冰冷的房屋充满了光亮与温暖。

"这一切都是值得的！"它微笑地说。

心灵人生 🔍

在这个快速发展变化的社会，我们非常有必要停下脚步静下心来，好好地去思考人生的意义。生命有无限种可能，它可以是积极的，也可以是悲观的；它可以是奉献的，也可以是索取的。一谈到"意义"就应该与正能量相联系，任何消极的、一味索取的人生，其意义都无从谈起。

14 ▶ 我有的，希望你也有

心胸狭隘的人时刻都在算计别人口袋里的钱，而胸怀大义的人总想着如何才能让他人生活得更好。

难民区又增加了许多难民，这对难民区的"老难民"来说无疑是一个坏消息，因为政府每天派发的食物是有限的。

然而，事情似乎也并没有那么坏，因为除了政府派发的食物外，还有一个年轻小伙子会给他们准时送来食物。每天晚上八点一过，小伙子就会开着一辆破旧的卡车停在区里，卡车里装满了热气腾腾的食物，有牛奶、三明治、咖啡、巧克力等。

小伙子每次开车过来，都满脸笑容地把食物送到人们手中。人们接过食物，除了感激和称赞之外，还有不少疑问。"这小伙子肯定是富人家的公子！""不可能，如果他真的很有钱的话就不会开这么破旧的车了！""那他怎么会给我们免费提供食物呢？"

人们之所以有这样的疑问，是因为他们先入为主地认为：世上没有无私奉献的人。

小伙子告诉人们，其实他不是什么富家子弟，而是附近一家货运公司的司机，家里有老母亲，每天赚得不多。"我曾经也是这里的一员，甚至现在也是，不过比你们吃得好一点而已，我只是在做一些力所能及的事情。"小伙子说。

因为小伙子常来，所有难民区的人都认得他，如果他一天没来大家还会念叨。小伙子当然知道大家的心情，他告诉人们，如果自己不来的话，心里总是会内疚，觉得自己有得吃，而其他人却要饿肚子，很过意不去。

小伙子这种无私的举动引起了媒体的注意，有记者问他："是什么让你一个低收入者可以日复一日地去给他们送食物呢？"

小伙子笑了笑说："我从小就失去了父亲，在我们生活最困难的时候也有很多人关爱着我。母亲一直教育我要懂得爱别人，我没想那么多，我只是希望我有的别人也有，今天我有饭吃，就希望大家也都有饭吃。"

心灵人生 🔍

人生通常是得意与失意交替着出现，在我们得意的时候，面对锦衣玉食的生活，要懂得感恩和回馈，如果认为自己至此永远不用被帮助，那就错了，因为接下来很可能你的失意就会接踵而来，古人告诉我们，人生祸福相依，只有在得意时多付出，失意时才不至于穷困潦倒。

15 ▶ 别小觑举手之劳

这个纷繁的世界之所以能有条不紊地运转，是基于这样一个朴素的真理：

坚信好人自有好报。

一次，公路上发生了一起交通事故，接到报警后，我们火速开车前往现场。可是离现场还有一段距离时，我们被路旁崩塌下来的泥石挡住了去路，救护车被迫停在了泥石堆前。

正在我们焦急不已的时候，发现附近正好有推土机在推土，于是去求助。推土机司机了解情况后，二话没说就把推土机开到泥石堆前，只几下，便推出一条路，然后他走上公路帮忙指挥来往车辆，以便让我们救护车先行，最后，连谢谢都来不及说，我们就直奔事发地点了。

到达事发现场后，我们得知需要救助的是一个孩子，孩子的妈妈守候在孩子身旁，已经哭成了一个泪人。救护人员马上把他们抬上救护车，我接过孩子连忙做人工呼吸，不一会儿，孩子恢复了正常呼吸，"哇"的一声大哭起来。难以想象，如果再迟一步，后果会是怎样。

孩子送到医院后，除了手脚受点伤，身体的各项机能都显示正常。我们大家悬着的一颗心也就放了下来。

第二天，我开车路过了那个当时阻挡我们前进的小山坡，那辆推土机还在附近劳作。我开车驶近那辆推土机，因为那天没来得及向他说谢谢，今天想补回来。当我打开车门时，那司机已经认出了是我，连忙停下工作，一路小跑地朝我走过来。

"孩子，孩子……"他喘着气。

我以为他关心孩子的情况，便高兴地打断他说："孩子得救了，真的多亏了你，否则我们很可能来不及救那个孩子了。"

他眼睛却泛红了，闪着泪光，激动地说："我知道，那是我的孩子！谢谢你们救了我的孩子！"

心灵人生 🔍

救死扶伤是医生的天职，为了拯救更多的生命，必须要与时间赛跑。虽然拯救生命的事情主要由医生来承担，但这并不代表其他人就只能袖手旁观、冷眼以待。当你把爱心奉献给他人的时候，总有一天你奉献出去的爱心会以不同的方式归还给你。拯救他人就是拯救自己，世界不会亏待任何一个有爱心的人。

16 ▷ 不争才是大爱

人应该要有信仰，要有一颗向善的心，所谓抬头三尺有神明，人在做，天确实在看。

春运期间，男孩和父亲要回老家过年，卧铺的票早已被抢光，最后在公司的帮助下团购了两张火车票，这才顺利上了火车。

车厢里的人挤得水泄不通，连行李都没地方放。当他们找到自己的位置时，发现其中一个位置上坐着一位阿姨。阿姨身旁放着拐杖，看了下她的脚，真的是一位残疾人，父子俩动了恻隐之心。

然而，车到终点至少也要 13 个小时，一路站着也不是办法啊。正当男孩想开口提醒阿姨说这是他们的位置时，被父亲拦住了。父亲示意男孩先坐下，轻声对他说："你先坐着，我等会去看看别的车厢有没有人下车，到时就可以有位置了。"

可是过了一站又一站，他们也没找到空出来的位置，而阿姨也没有要下车的意思，估计是太累了还打起了瞌睡。

父亲是位老师，原本一天到晚站讲台站了一辈子了，现在还要站在火车上遭受这原本不应该遭受的罪，男孩很心疼。然而，父亲是个固执的人，男孩说要换他坐着，自己站着，但父亲死活不肯。

终于又过了一个站，服务员广播响起，说还有几个卧铺，可以补交一百块坐卧铺。他们很快便去做了登记，幸运地坐上了卧铺，然后美美地睡一觉就到了终点站。

下车后，男孩问父亲："我知道她腿不方便，可是她不方便却买了站票，这是她自己的事情，何况路程这么远，你就打算站一路吗？"

父亲笑着说："我只是站了几个小时而已。你看，让座还能买到卧铺，这多幸运！"

心灵人生 🔍

　　原本属于自己的东西确实是应该争回来的，这无可厚非，然而，在这"争"与"不争"之间我们其实是可以选择的。今天，人们都变得十分精明，已经少有人会牺牲自己的利益去成全他人。人们都说，善有善报，恶有恶报，这是一个社会得以健康发展的基础，因为没有人愿意生活在一个善恶不分的社会里。

17 心头有爱不怕穷

当别人都被金钱迷醉了双眼时，你一定要清醒地记住，自己拥有的是颗珍贵的爱心。

　　有个老人染病多年，膝下又无儿女，生活过得凄苦无助。为了让自己的晚年能过得开心一点，他决定卖掉自己的豪宅，搬到养老院去。

　　老人的豪宅是欧式古典风格，在当地有点小名气，加上周围环境不错，老人一宣布出售，购买者便闻讯蜂拥赶来。豪宅出价 10 万英镑，因为竞争激烈，人们很快便把价格抬到了 30 万英镑，并且看趋势还会不断攀升。

　　面对这样的价格，老人犹豫不决，他坐在沙发上，满脸忧郁。

　　按理说，老人要做的只是等更高的价格出现，然后把房子卖出去，应该高兴才对。老人为何忧愁呢？原来，老人是舍不得这房子，这房子毕竟陪他度过大半生，要不是自己的身体糟糕需要人照顾，他是绝不会卖掉的。"如果房子不用卖掉，又有人愿意陪我度过剩下的日子，那就好了！"老人想。

在一群叫嚣比拼着身家财富的竞房者中，有一个衣着朴素的年轻人来到老人身边。

年轻人弯下腰来，微笑着低声对老人说："先生您好，我也想买您这座房子，但是我的钱不够，只有1万英镑。可是，如果您愿意将住宅卖给我，我会跟您一起生活在这里，并尽我所能去照顾你，您还是可以像以前一样当这里是您的家。"

年轻人提的，不正是自己想要的吗？老人颔首微笑，决定以1万英镑的价格将这座房子卖给这位年轻人。

心灵人生 🔍

很多人都把自己的梦想简单化为"赚取更多的财富"。实际上，当一个人的财富和年龄积累到了一定程度后，如果他还愿意思考，那他的人生目标将不再是财富，而是财富之外的东西。当我们还缺乏财富的时候，我们能付出的就只有爱心，而这正是获取财富的先决条件。

18 爱人就是爱自己

当你把自己仅有的温暖无私地奉献给他人时，你定会在未来的某个时刻

得到更多的温暖。

一个旅行者困在了暴风雪中，为了节约时间，他选择抄小路。

旅行者顶着刺骨的风雪在小路上艰难地走了很久，不见人烟，就在快要绝望之际，他却欣喜地碰到了一位同样独自出来旅行而找不到路的人，于是两人便结伴而行。旅行者像放下了心中的一块石头，舒心地想："这下可不是我自己一个人了。"

为了节省力气，他们两个甚至连话都不敢说，只是默默地走着，渴望赶紧走出去。

两人走着走着，发现有一名老者倒在雪地上，身上落了厚厚的一层雪。两人向老者走去，发现老者脸色已经被冻得发紫，然而，老人依然还有气息，身体还是暖的。

对方提议说："我们一起把他扶着走出去吧？"

旅行者摇摇头："我们自己这样走已经很艰难了，还要扶他，岂不是自寻死路吗，不冻死在路上才怪呢！"

"不，我不能见死不救。"那个人坚定地说。

"你要是坚决这样做我也没办法，我只能继续独自行走了。"旅行者

说完便独自向前走远了。

那个人自己把老人背起来，一步一步地踏着积雪艰难地走着。虽然风在吹雪在落，但他身上渗出的汗水已经浸湿了他的衣服，他的体温也慢慢地传递到老者身上，老者僵硬的身体开始慢慢变得柔软，最后醒过来了。老者张开嘴巴慢慢地吐出一句话："前方不远处有个村庄，是我的家。"

那个人继续背着老人，用身体互相取暖，最后终于走到了村庄入口。在村庄入口围着一群人，他们好像在看着什么，议论纷纷。那人走近一看，原来是原先的那个旅行者，他已经被冻死了。

心灵人生 🔍

帮助他人会产生"蝴蝶效应"，不仅帮助了弱势群体，而且让原本陷身于困难之中的自己也得到了救赎，充满了正能量。每个人心中都有一座天平，它衡量着善恶美丑的同时也衡量着自己的良心。然而，在极端条件下，如果帮助他人会陷自己于绝境，那么帮与不帮其实已经无法简单地用道德来衡量了。

19 仁爱应是无私的

施舍是世界上最圣洁的行为，我们应以朝圣者的态度去对待它，以免玷污了它。

深山里有一座千年古刹，因为年久失修而破落不堪。为了使古刹重现昔日光采，住持决定动员僧侣们下山化缘筹款，用以修葺古刹。

住持是一位得道高僧，方圆百里的乡民对他景仰有加，虽然钱不多，但几乎每个人都施舍了，甚至有个乞丐连自己辛辛苦苦攒下来的钱也捐了出去。然而，乡民们本来就不富裕，所以一个月过去了，所化到的钱财依然是杯水车薪。

这时有乡民向住持提议，说此地最富裕的是刘员外，可以到他家去化缘。住持想了想，认为也只能这样了，便来到了刘员外的家，说明了来由。

"要修葺你们那间破庙还不容易，但我的钱也不能白花！"刘员外不屑地说。

住持问："那施主有何条件？"

"我要你们在庙门口为我塑个像，好让所有人都知道，你们这间庙是我出钱修葺的！"刘员外得意地说。

主持没多说什么，只是微笑着点头同意。

两个月后，古刹被修葺一新，恢复了往日的风采，上香的善男信女也多了起来。

出家人言出必行，住持命人在庙门口立了一尊刘员外的塑像。然而，刘员外并没感受到人们对他的尊重，反而遭受了不少冷眼。他很气愤，也很好奇，便上古刹来观看自己塑像。让他诧异的是，在塑像下方的功德碑上，自己的名字竟排到一个乞丐的后面。

"老和尚，这到底是怎么回事？"刘员外气愤地质问住持。

住持微笑着答道："因为你施舍的是钱，而那乞丐施舍的是心。"

心灵人生 🔍

施舍本来就是一种无私的行为，如果是为了有所得而施舍，那这种施舍就变成了交易。一颗无私的施舍之心是无价的，只要你施舍了，不管多少，人性的伟大光辉都会在你身上闪耀。人们唾弃的东西从来都不是施舍本身，而是施舍背后的丑陋利益，那不仅伤害了他人，也伤害了施舍者自己。

20 ▶ 善良的本义

好人是应该有好报，但"好报"不应成为我们做"好人"的动力和目的。

一个小和尚跟着师父去化缘，经过一个村庄时，见到一个少年正折磨一只花猫。那花猫看上去血肉模糊、奄奄一息。

"阿弥陀佛！"师父双手合十大念了一声，然后对小和尚说，"你想个办法阻止那少年的暴行吧。"小和尚于是从身上摸出了几文钱，对那少年说要买下那只花猫。少年同意了，接过钱扔下猫就跑了。

小和尚高兴地说："师父，我们救了一只猫的命！"

"未必。"师父摇摇头，"这只花猫气息微弱，恐怕撑不了多久。"

"那您快救救它吧！"小和尚把花猫抱在怀里，不禁流下泪来。

"我也无能为力。"师父无奈地摇头。

这时走来了一个妇人，认出了小和尚怀里的猫，不由分说地破口大骂："你这该死的小和尚，竟然做出这种伤天害理的事，把我的猫给弄死了！"

"我没弄死你的猫，是我把它救下来的！"小和尚努力为自己辩解。

"还狡辩！现在我的猫死了，你要赔钱给我！"

小和尚委屈地看着师父，希望师父能为他说句话，但师父却说："把钱赔给人家吧！"

小和尚只好无奈地摸出了最后几文钱，赔给了那妇人。

那妇人走远后，小和尚伤心地问师父："师父，我被冤枉了，您为什么不替我说句话？"

"你觉得分辨有用吗？"师父淡淡地问。

"我不知道，我只知道做好事就应得到好报！"

"你这样想就错了！"师父正色道，"做好事凭的是自然本心，如果妄图让人感激你，那好事就不再是好事了。"

心灵人生　🔍

　　善良是源自内心的自然真情，用人性作为标准去关怀他人，也就是把他人当成了自己来看待。任何一个内心善良的人都不忍心看到他人遭受痛苦，为了阻止这种痛苦的产生，他把自己奉献了出去。一切真正的善举都是自然而然的行为，因为它是基于人性的，而这也正是人的伟大之处。

卷五

把世界装进你的心里

卷五

把世界装进你的心里

　　这一路走来，你一直都是孤身一人，当你决定向身后的人伸出援手时，你发现自己已经不再孤独，因为你有了朋友。然而，你发现事情开始变得复杂起来了：有的人对你的付出表示怀疑，有的人不领情，有的人甚至处心积虑地欺骗你……于是你决定再次孤独前行，但你却做不到，因为你发现自己也是一个需要他人帮助的人。为了得到那一份温暖，你慢慢地学会了真诚、理解和宽容，慢慢地让心灵变得博大起来，最后甚至能把整个世界都装进心中。

01 ▶ 赞美从不廉价

真正有智慧的人不仅是一个耐心的倾听者，同时还是一个毫不吝啬的赞美者。

一个女孩想参加合唱团，但老师嫌弃她相貌丑陋、衣着寒酸，就不要她参加了。

女孩很难过，独自躲到公园里偷偷地哭泣："又不是我唱得不好，凭什么不让我参加合唱团啊！你不让我唱，我偏要唱。"想着想着，女孩赌气似的低声哼唱起来，随即越唱声音越大，一首接一首，直到天黑自己累了才停下来。

"你唱得太棒了！"一个苍老的、咬字不大清晰的声音传来，把女孩吓一跳。"谢谢你，小姑娘，你让我度过了一个美好的下午！"不远处的椅子上站起来一位白发苍苍的老人，还没等女孩回过神来，老人就走开了。

第二天，女孩又来到了公园，昨天见到的那位老人也在，他还是坐在原来的椅子上，一脸慈祥地看着女孩微笑。得到了老人的肯定后，女孩有了不少信心，于是再次唱了起来。老人似乎听得很入神，因为他一脸的陶醉，仿佛已经沉浸在女孩的歌声里无法自拔了。

女孩唱罢，老人站起身来边鼓掌边大声说："小姑娘，你唱得真是太棒了！"说完，他又像上次那样转身走了。

就这样，老人每天都会在公园里当女孩的忠实"歌迷"，聆听女孩的歌唱。

几年过去了，女孩长大了，成了大女孩的她长得美丽窈窕，搬到了另外一个城市，不久成为了一位很有名气的歌手，拥有了成千上万的歌迷。然而，女孩始终忘不了的是她的第一位"歌迷"，那个曾经一直在公园里听她唱歌的老人。女孩决定找到那老人，向他表示感谢。

女孩回到了那个公园，向四周的人们打听，得知老人已经在两年前去世了。

"他不可能听你唱歌吧？"一个认识老人的人说，"他都失聪了二十多年了！"

女孩惊呆了，那个天天屏声静气聚精会神听她唱歌并热情赞美她的老人，竟然是个聋子！

心灵人生 🔍

我们大多数人都不习惯赞美，尤其是对一些较为亲近的人。赞美不过是一句话，说出来应该是毫不费力的，几乎是零成本的。然而，就是这样一句赞美，它所带来的收益却几乎是不可估量的。对于金钱我们有理由吝啬，但对于一句赞美，实在想不到有任何吝啬的理由。

02 **爱比恨容易得多**

怨恨经历多年的时间冲洗后会变得平淡，之所以还恨着，不过是双方拉不下面子。

珍妮与杰克曾经是很好的朋友，但因为一件不愉快的事情而产生了误解，所以现在关系闹得很僵。

有一天，珍妮要出远门，朋友们都来为她送行。有个朋友不小心透露了杰克的近况，说杰克被老板炒了鱿鱼，心情不好，整天喝酒买醉。

不知为什么，珍妮听到这个消息很为杰克难过，毕竟两个人的关系曾经是那么的好。不过，珍妮并不觉得这是她的错，她虽然很想和杰克和好，但杰克必须得先跟她认错道歉。

正当她要过安检的时候，身后忽然传来了两声呼喊："珍妮！珍妮！"这声音她再熟悉不过了，回过头去，果然是杰克。杰克看上去似乎比以前沧桑了不少，珍妮本来还在气头上，甚至想过要责骂杰克两句，或听杰克向她道歉，但她忽然觉得这一切都不重要了，因为自己就要离开了。

所以，她笑着对杰克招了招手，大声地说："杰克，你要振作，你要加油喔！"

多年后，珍妮收到了杰克从远方寄给她的信。杰克在信里说，他现在已是一家公司的总经理，并且已经是三个孩子的父亲了。"我很感激你，感激你曾经对我的宽容。"杰克写道，"亲爱的珍妮，这一切就像你的微笑一样，是如此的美好，你的微笑给了我莫大的鼓励和安慰！"

珍妮自己也没想到，只是一个不经意的微笑却给了杰克如此大的鼓励。

心灵人生 🔍

恨一个人永远要比爱一个人花费更大的气力。恨是一种强大的负面情绪，它甚至可以跟随一个人一辈子。其实，我们都不会轻易地去恨一个人，因为恨也是一种感情，是一种令人难过的感情。其实，我们内心都渴望原谅与被原谅，只等其中一个人先露出微笑而已。

03▷ 你并不孤单

其实你一直都不孤独，因为一直都有朋友陪伴着你，即使他们换了一批又一批。

有人问传教之人金斯莱："能让我知道你生活过得如此美好的秘诀吗？"

金斯莱回答道："原因很简单，因为在生活中我有朋友。"

曾经有位中年妇女，在经历了下岗以及被丈夫抛弃的不幸后，每天仍能若无其事地打扮得体出去找工作，还常常跟身边的人有说有笑。别人对此万分不解，终于有一天，一位朋友忍不住问："你想哭就哭吧，没必要这样委屈自己。"

这位妇女听了先是十分惊讶，然后微笑着对朋友说："我早就走出来了，多亏了我的一群朋友。"

原来她刚开始的时候总是借酒消愁，朋友很担心她，都会轮流陪伴她。

她说："朋友让我感到很温暖，即使全世界都离我而去，但最好的朋友不会。我很幸福，因为我还有朋友。"

朋友就是那个在你陷入困境中扶持你一把的人，就是那个在你落寞时给予你拥抱的人，就是那个在你寂寞伤心时安慰你的人，就是那个把你一切都看透了还愿意留在你身边支持你、相信你的人。

幼儿园的小朋友说："朋友就是我有糖给你吃，你有糖给我吃。"

小学生说："朋友就是我们一起上学放学，一起玩耍。"

中学生说："朋友就是我们打完架还会一起有说有笑的人。"

男士说："朋友就是经历了人间沧桑后还能一起举杯聊聊天的人。"

女士说："朋友就是在你睡不着的时候给你轻轻问候的人。"

……

心灵人生 🔍

　　友谊，是每个人的人生中不可或缺的一部分，是任何东西都代替不了的。朋友是在黑暗中为我们点灯的人，是在万难中伸出援助之手的人，是分享我们每一次喜怒哀乐的人。没有朋友的人生就像荒芜的原野，毫无生气；有了朋友的人生就像烟雨朦胧的江南，润湿而温暖。

04　可贵的倾听

理解和尊重他人是社交生活中的两张王牌，只要拥有了它们，你便能在人群中左右逢源、畅通无阻。

　　那是我当助理教授的第一天。

　　我怀着激动又不安的心情走进了教室，微笑着向学生们打招呼问好。可是几十个学生没有一个人发出声音，哪怕是笑声，非常安静。我一下子紧张起来，胡乱翻了翻带来的卡片，就这样讲起了课。我感觉讲台下面没有一个听众。

　　就在我不知所措、绝望得想要放弃的时候，我发现坐在最中间的一名女学生正在认真地看着我，时而记录，时而翻阅书本。她聚精会神的样子，还有偶尔露出的会心微笑，让我顿时来了勇气——我必须要继续讲下去，因为至少她给了我鼓励。

接下来，无论我讲到什么，她都会微微笑，或者点点头，再认真做记录，让我觉得我所讲的内容很重要。我对此无比欣慰。

这个认真听课的女孩点燃了我的信心和热情，让我毫不畏惧地传达我所知道的知识。我讲完了一个知识点，开始从四周搜索，看到了让我兴奋的一幕——其他学生都在认真地做着笔记。

就这样，我顺利而出色地讲完了作为助理教授的第一堂课，后来学生们都说很喜欢上我的课，觉得我的课生动有趣。

我很感谢那位认真听课的女孩，是她的理解和她对知识的热爱，以及对老师的尊敬让我的教书生涯有一个很美好的回忆。

心灵人生 🔍

人际交往中要想获得他人的好感，首先要做个合格的倾听者。别人讲话时，如果你能表现出认真听讲的态度，就会传递给对方一个尊重的信息，从而提高交流或互动的质量。当然，如果别人在认真讲话，而你却在左顾右盼、无心听讲，这不仅是种无礼的表现，而且也是人际交流和交往中的一个忌讳——你因为不在意对方，很可能招来对方对你的不待见。

05 用微笑融化坚冰

微笑是一张神奇的通行证，它能让你顺畅地到达世界的任意一个角落。

在别人眼里，艾丽的婆婆是一个很难相处的人，与艾丽之间更是如此。

听说在艾丽还没嫁进门的时候，大嫂被婆婆折磨得要离家出走，后来想回来了，却被婆婆挡在门外，任谁劝也不让自己的儿媳进门。对于这件事，不知道谁对谁错，但后来还是大哥和大嫂不断道歉，婆婆才消了气。

虽然婆婆难以相处是出了名的，但在艾丽眼中，婆婆也是一位妈妈，自然有当妈妈的难处，并且她觉得其实婆婆人挺好的。所以，无论婆婆怎么对她大声呵叱，她都面带微笑地端茶递水，丝毫没有怨言。

但婆婆并不领情，依然处处刁难她。

有一次家里来了客人，婆婆叫艾丽倒茶。艾丽不小心把茶杯打碎了，婆婆顿时把脸一拉，毫不在乎身边坐着客人，大声对艾丽责难道："不知道我儿子娶了你这么一个笨手笨脚的人来做什么！"

艾丽一边倒茶一边跟客人道歉，面带微笑地对婆婆说："妈，我马上就好。"客人见了，立刻夸起艾丽来："这么好的儿媳妇打着灯笼也找不到啊，又乖巧又温顺！"

从此，婆婆再也没有刁难过艾丽，婆媳关系也融洽了许多。

心灵人生

生活中，我们常常会被不公平地对待，如果我们因此而生气，不仅
难以缓解这种情况，反而会让情况变得更糟糕。仇恨从来都不是解决矛盾
的最好方法，因为仇恨只会引来更多的麻烦和苦恼。

06　胆小一点又何妨

除非万不得已，否则，从个体角度千万不要以暴力对抗暴力，因为这是
最愚蠢的行为。

据说哲学家苏格拉底因为过分专注于思考，常常一副衣衫不整的样
子，朋友会开玩笑地问他是不是又被老婆欺负了，因为他怕老婆是出了
名的。

有一次，苏格拉底的老婆叫他倒洗脚水，可是当着朋友的面，苏格
拉底怎么也不肯。于是他那彪悍的老婆开始跟他大吵大闹，苏格拉底受
不了，就借口有事要办和朋友一起开溜了。哪知他们走到楼下时，他的
老婆居然把那盆洗脚水从楼上泼到了他身上，朋友看见了既惊讶又尴尬。

朋友原以为此时看上去狼狈不堪的苏格拉底会破口大骂，但没想
到他只是拍了拍身上的脏水，笑着说："我就知道打雷过后一定会下雨，

果真是这样！"苏格拉底的这句话逗得朋友哈哈大笑，就连他的老婆也笑了起来，由此化解了当时的窘境。

苏格拉底怕老婆体现了他宽广的胸襟，他的这种胸襟即使对陌生人也是一样。

一天，苏格拉底与一位朋友边散步边聊天时，忽然身旁冒出一位对苏格拉底不满的年轻人，拿棍子快速而用力打了他一下拔腿就跑。

朋友对此非常生气，想回头追上那家伙，但被苏格拉底拦住了。

朋友惊讶地问："你难道怕他吗？"

苏格拉底说："不，我并不怕他。"

"那人家打你，你怎么不找他算账啊？"

苏格拉底笑着说："我的朋友，假如你被一头驴子踢了，你也要去踢它吗？"

心灵人生 🔍

"害怕"常常与"胆小"联系在一起，其实有时候害怕并不等于胆小。聪明的人都应该明白，不管对方是强是弱，如果与其发生了正面冲突，无论如何都会对自己和对方造成伤害。两败俱伤是最糟糕的情况。今天人们都在努力达到双赢，而宽容就是双赢的根本。

07 勇于认错是一种担当

人与人之间之所以矛盾重重，是因为人们缺少知错认错的勇气。

从前，山上有两座庙，一间大庙，一间小庙，两间庙不过百步距离。

大庙里的和尚常常会因为鸡毛蒜皮的小事而吵架，你不让我，我不让你，彼此之间的隔阂很深，生活得非常不愉快；与大庙的情况刚好相反，小庙里的和尚都能和睦相处，大家互相帮忙，其乐融融。

大庙的住持怀疑是地方大，所以难以管理，但他想了很多计策，都无法让大家生活得愉快。无奈之下，大庙的住持便去请教小庙里的和尚。

"你们的寺庙是怎么做到让每个人都和睦相处、生活愉快的呢？"大庙住持问一群正在嬉笑游戏的小和尚。

"因为我们一旦做错事了，都会主动认错。"一个小和尚回答说。

那小和尚话音刚落，便有另一名小和尚急急忙忙地从外面跑回来，进大厅时忽然不小心摔了一跤。这时，旁边正在拖地的和尚赶紧把他扶起来，连忙道歉说："对不起，是我的错，要不是我把地面拖得湿漉漉的，你也不会跌倒。"

或许是小和尚摔倒的声音让其他和尚听见了，忽然有个和尚不知从哪里走进来，很内疚地对摔倒的小和尚说："都是我的错，我刚才忘了告诉你大厅正在搞清洁，地还没干。"

摔倒的小和尚懊恼自己的不小心为师兄们带来不便，自责说："师兄们，这都怪我自己太鲁莽了，一点都不注意大厅在搞卫生，还把刚拖好的地弄脏了，下次不会了。"

大庙的住持看到了这一幕，终于明白为什么小庙的和尚生活得这么愉快，这么和睦了。

> **心灵人生** 🔍

如果做错事受到了批评，很多人的第一反应就是立即强调并非是自己的错，而是其他人或是其他因素造成的，总想把责任推委给他人。人之所以害怕承认错误，多是因为怕自己没面子，或是不敢承当错误的后果。所以，那些能在人前勇于检讨自身过错的人，一定是胸襟坦荡、比较有担当的人，与这样的人在一起，生活一定是快乐的。

08 做人何妨吃点亏

上帝先给了我们人的躯体，然后把"乐于吃亏"作为灵魂注入其中。

一幢居民楼上独居着一位九十高龄的老奶奶，她为人和善，和谁见了面都是乐呵呵地打招呼。

老奶奶的老伴去世得早，一对儿女也到国外去发展了，几年才回来一次。不过，老奶奶并不孤独。几乎每个周末，老奶奶的家里都会有许多人欢聚，都是她以前帮助过的人，有的还大老远开车赶来，为的是与老奶奶寒暄几句。

老奶奶会经常光顾小区门口的一家水果店，她买水果从来不讨价还价，也不挑，就是看见自己喜欢吃的就买几个，付钱的时候还热心地问老板渴不渴，要不要到她家喝水。老奶奶有时还会幽默风趣地笑着说："我家虽然住 9 楼，但是我爬楼梯绝对不比你慢，要不，试试？"

邻居问她为什么每次买东西都不讨价还价，不少水果贩都会有骗秤或抬价行为。老奶奶说："做人吃点亏好啊，好处要留给别人，别人赚钱也不容易啊，还要养家糊口，如果每个人都挑好的，那剩下的不好的谁还要呢？"

有一次，老奶奶被一小伙子给撞倒住进了医院，情况十分严重，医生也下了病危通知。由于她儿女在国外一时半会儿回不来，邻居们就去医院照料她。老奶奶拉着邻居的手断断续续地说："千万……别追究……那小伙子啊，小伙子还年轻，不要……给他……增加心理负担。"

庆幸的是，老奶奶没有生命危险，只是以后出入不大方便了。

心灵人生 🔍

经济学上有"理性人"的假设，就是一个十分理智，把自身利益当作行为的第一出发点的人。为了使自己的利益最大化，在法律范围内做出行为决策，这本身并无可厚非，但如果每个人都这样做，那么这将是一个冷漠的世界。人无法做到绝对理性，也不应该绝对理性，有时候让自己吃点亏才是人性之所为。

▶ 09 宽容比责罚更可贵

让一个人忠诚于你的最好方法，不是投其所好，而是在他犯错的时候选择原谅他。

著名试飞员包布·胡佛常常需要在一些航空展览中开展飞行表演。

有一次，他在一场航空展览表演结束后飞回来，但在离地面三百多英尺时，他的飞机引擎竟突然失去作用。他凭着自己丰富的驾驶经验以及高超的技术，使用紧急降落，虽然人没受伤，可是昂贵的机身却几乎面目全非。

胡佛在安全着陆后第一时间检查飞机中的燃料，原来飞机内所装的燃料并不是汽油，而是喷气机所用燃料！

回去后，他见到了那个泪流满面，正等着胡佛宣判的飞机保养师。很明显，飞机保养师已经知道自己所犯下的错误，懊悔不已。胡佛是出了名的事事都要求精准、不能有任何差错的人。然而，出乎他意料的是，胡佛并没有大发脾气，更加没有要求保养师赔偿，而是走过来，拍拍保养师的肩膀说："下次不要再犯同样的错误了，明天继续过来帮我保养飞机吧。"

后来，那位保养师再也没有犯过相同的错误，每次保养飞机都仔细严谨，从此胡佛减少了后顾之忧，每次飞行表演都更加顺利。

心灵人生 🔍

　　人无完人，每个人都有犯错误的时候，如果仅仅因为这一次错误就
否定他，这无异于用一根棍子打死了一船人。没有谁愿意犯错误，没有谁
不希望把事情做好，我们之所以会做错一件事，常常是各种因素的综合。
选择原谅要比选择怨恨容易得多，也更让人舒心得多。

10 尊重生命，敬畏生命

地球上的生命或许是整个宇宙中的奇迹，对于生命，我们应该抱有敬畏
之心。

　　在澳大利亚的一场网球比赛上，双方运动员正在展开一场激烈的
比拼。

　　双方的实力旗鼓相当，都不敢有丝毫的大意，都在紧张而有节奏地
接打每一个球。场外的球迷都聚精会神地看着网球在双方之间传来传
去，欢呼声和叹息声交替起伏，真是一场精彩的、难分高低的比赛。

　　就在他们双方紧紧地咬着比分时，忽然从场外飞来一个不速之
客——一只小鸟，它像是受了伤又像是受了惊吓，飞临到比赛场地上方。
由于双方运动员精神高度集中，完全不知道有小鸟"莅临"赛场，快速

飞行的网球正好击中了小鸟，网球还在旋转时，小鸟已经落地。

运动员反应过来时立即向裁判申请暂停比赛，并走到小鸟旁，发现小鸟已经没有了气息。

未等观众反应过来，这位运动员做了件让大家都十分惊讶的举动：在小鸟面前虔诚地跪了下来，双手合十，身体前倾，在胸前划着十字。运动员这些举动的含义当然再明白不过，他是在向小鸟表达自己最真诚的道歉，请求小鸟的原谅。

观众先是集体安静了下来，随即站起身，向这位运动员献出雷鸣般的掌声。

心灵人生 🔍

　　繁多的野生动物与人类共同杂居在地球上，它们与人类一样，都是地球上珍贵的生命体，爱护它们，其实就是爱护人类自己。生命可分种属，但无分贵贱，从本质上讲，人类没有权力去剥夺动物的生命，而是应带着敬畏之心，真诚地与之沟通，友好共处。

11 爱是创造的动力

人为爱而活，如果一个人心中无爱，那就如同干涸的大海，再也激不起任何波澜。

伊勒·C.哈斯是一位普通的美国医生，他非常爱自己的妻子。

有好几次，哈斯无意中听到妻子抱怨自己身为女人的种种不便，特别是每个月的那几天，倍感煎熬。爱妻心切的哈斯决定要为妻子做点什么，他先跟妻子做了一次亲密无间的沟通。

经过沟通，哈斯终于明白了妻子的心情。他用自己的医学专业知识仔细地分析妻子在这特殊的几天里的生理和心理感受，想象她的郁闷与苦恼。哈斯认为，妻子的苦恼不仅是生理与心理综合作用的结果，还与她使用的女性用品有关。

此时，哈斯脑海中浮现出外科手术的画面：医生以及护士常常需要用消过毒的棉花和纱布来清理吸收伤口的血迹。哈斯兴奋地想："我为何不让太太试用一下呢？"

于是，他一连几天躲进实验室里研究。他将医药的棉花压缩制造出长短合适的纯色棉条，再用针将棉条中间缝起来，棉条背面用纸当导管……谁也不曾想到，这便是世界上第一块女性用的卫生棉，也是让全球女性最感动的一项发明。

1933 年，哈斯为他发明的卫生棉申请了专利，并取名为"丹碧丝"。

心灵人生 🔍

　　世界上的任何一项发明，几乎都可以说是站在人类的角度上，为了让人类生活得更好更方便而发明的。说到底，这些发明都是为"爱"而生。爱从来都是一种强大无比的力量，我们所做的一切都是为了维护它，它同时推动着我们开展每一天的工作，直至创造和改变整个世界。

12 ▷ 一句肯定是力量之源

那些最初怀着梦想的人都像一只只丑小鸭，只有经历过种种嘲笑后才能变成白天鹅。

　　他从小就热爱摄影，但因为高考成绩不理想，他只能选择摄影之外的专业。

　　幸运的是，在大学里他有比较充裕的个人时间，他觉得自己能够坚持摄影梦。他一有时间便往图书馆跑，查阅各种摄影书籍；没钱买单反相机，他就拿着普通照相机到处拍照。为了买单反相机，他找了份兼职，后来终于存够钱买了一台单反相机。

　　之后，他又开始拿着单反相机到处拍照，同学们见他拍的照片似乎很一般，不少同学因此嘲笑他。家人也常常打击他，说他不是搞摄影的料，说他玩这个既花时间又花钱，还不如好好把心思放在自己的专业上。面对这些阻力，他很沮丧，摄影梦也开始动摇了。

有一天，他像往常一样挂着单反相机到了江边。他向开阔的江面望去，江面上空一片蔚蓝，一行大雁排成一字在水天交接处飞过。这是一幅挺难得的美景，他随手拿起相机"咔嚓"拍了一张。

这时，忽然从背后传来了掌声，他扭头一看，是一位老人在为他鼓掌，并竖起拇指赞扬道："小伙子，看上去你的技术很不错啊！拿这张照片去参赛吧，一定能获奖。"听了老人的赞扬，他又惊又喜，这或许是他执着摄影以来第一次听到的赞扬和鼓励。

回去后，他把那张照片稍微进行了一下后期处理，然后拿去参赛，果然获得了市内摄影比赛三等奖。虽然是三等奖，但这对于他来说已经是意义非凡了，他从此便有理由和信心把梦想坚持下去了。

心灵人生 🔍

今天，理想越来越成为一种奢侈品，人们常常喜欢嘲笑那些有理想的人，却不为自己的无理想而感到羞耻。生命应该是自由的，它的自由体现在个体可以自由追求喜欢的生活方式，可以自由选择自己的理想。有理想的人需要的不是打击，而是一个微笑、一句肯定。

友善决可化解怨怼

与其你争我斗、让怨恨致使两败俱伤，还不如握手言好、让友善达成互

利共赢。

在一次选举期间，美国总统威廉·麦金利常常被一个记者跟踪。

该记者所效力的报社与麦金利政见不一致，他经常发表一些不利于麦金利选举的文章。麦金利虽然对此人的行为感到很气愤，但内心禁不住佩服此人这样执着地攻击自己的那股劲儿。

一天，麦金利坐着马车到不远处的一个小镇演讲。那天天气异常寒冷，出发没多久，麦金利就听到马车后面不远处传来咳嗽声，回头一看，正是那个记者。那记者大概正患感冒，但却穿得很少，坐着一辆简陋破旧的马车尾随而至。

麦金利让车夫停了车，自己下车走向记者，说："年轻人，请你下来。"

听到麦金利这样说，记者很紧张，心想这个政敌估计是要找他报仇了。

"拿着。"记者下了车后，麦金利脱下身上的大衣递给记者说，"这件衣服你现在快穿上，坐到我的马车里去。"

"可是，我，麦金利先生……"记者对麦金利的举动感到很意外，紧张得说话都吞吞吐吐了，"你知道我是谁吧？这次选举我一直对你进

行跟踪，每次只要你发表演讲，我就会在报纸上写报道来骂你。而今天之所以随你而来，就是要尽我一切的力量去打倒你。"记者好不容易将自己要说的话告诉了麦金利。

"我知道，"麦金利露出一个友善的微笑，"但不管如何，你现在感冒了，先穿上这件衣服，到我那辆车暖和暖和，等你身体好了之后再继续跟我打仗也不迟。"

从那以后，麦金利再也没有看见过一篇诋毁与反抗他的文章。

　　心灵人生　🔍

历史上任何一个可以称得上"伟人"的人，都拥有一颗开阔的心，因为在他们看来，宽容才是解决矛盾的最好方法，多一个朋友总比多一个敌人好。化敌为友其实是一件相当容易的事情，只要主动向对方抛出橄榄枝，往往就能达到目的，因为没有哪个人能拒绝他人的好意。

▶14 爱心点化美好人生

由出生到暮年的生命进程中，虽然我们一直都是一个人，但我们身边从来都不缺少爱的机缘。

有个男孩生活在里约热内卢的贫民窟里。男孩很喜欢踢足球，可是因为家里穷，连足球都买不起，于是他就常常踢汽水瓶、塑料盒，踢各

种从垃圾桶里拣出来的瓶瓶罐罐。巷口里、草地上、小路边，都有他踢
"球"的身影。

一天，男孩在一个小池塘边踢一只汽水瓶，被刚好路过的一位足球
教练看到了。那教练认为这男孩的脚法和姿势看上去真的有模有样，于
是就把随身带着的一只足球送给了他。男孩兴奋极了，刚得到足球不久
便练到可以随意将它踢进远处的水桶里。他心中对送他足球的教练充满
了感激之情。

圣诞节到了，男孩的妈妈对他说："我们没钱买礼物送给恩人了，
我们为他祈祷吧。"男孩跟妈妈虔诚地祷告完后，向妈妈要了一只铲子，
跑到一处别墅的花圃中挖坑。

等他快挖好时，教练从别墅里走出来，问男孩在挖什么。虽然男孩
累得满头大汗，脸也涨得红红的，但他还是很愉快地对教练说："教练
先生，圣诞节了，我没有钱买礼物给你，我来帮你挖一个坑种圣诞树。"

教练很感动，他把男孩拉到身边，拍拍他的肩膀说："这是世界上
最珍贵的礼物。明天你跟我到训练场去踢球吧。"

许多年后，这个男孩成为了世界著名的足球运动员，他就是球王
贝利。

心灵人生 🔍

在这个世界上，没有哪样东西是我们"理应"得到的，所有一切都
要靠努力争取才能获得。其实，努力争取的过程中我们并不孤独，我们几

乎时刻都在接受着他人的慷慨帮助。人应该懂得感恩，只有懂得感恩的人，

才真正配得上拥有，因为没有谁会拒绝一个善良而充满爱心的天才。

15▶ 用称赞代替诘责

欣赏就像人际交往中的润滑油，能够缓解和消除矛盾，因为每个人都喜

欢被欣赏。

赵小姐与李小姐都是同一家公司的职工，李小姐仗着自己职位高一

点，经常吃喝赵小姐。

终于有一天，赵小姐不能再忍了，气冲冲地跑来跟经理投诉说："经

理，我再也受不了李小姐了，她老是吃喝我，我每说一句就顶了我上千

句。请你说说她，不然我们两个只能留一个！"

考虑到公司的利益，经理回答说："好的，这件事我会尽快处理的。"

第二天一早，赵小姐和李小姐打了个照面，李小姐满脸微笑地和赵

小姐打招呼。赵小姐一愣，她没想到对方会这么客气，于是自己也变得

客气起来，也微笑着问了好。在往后的工作中，李小姐也不再吃喝赵小

姐了，两人如果有业务上的合作，也都没发生过什么摩擦。

赵小姐找到了经理，向他道了谢之后奇怪地问："经理，你是怎么

说服李小姐的？"

经理笑着说："我不过是代你夸了一下她而已。我对她说：'公司里

有许多人都夸你，说你很能干，工作负责任，特别是赵小姐，她说你不仅人长得漂亮，脾气也好，待人温和有礼，跟你共事很愉快。'"

赵小姐听了恍然大悟，脸刷地红了。

经理意味深长地说："其实，同事之间应该多些包容，多些赞美。你们都是公司的骨干，如果你们这些骨干闹不和，那必然会降低我们整个公司的效益。"

心灵人生 🔍

　　生活中，因为人与人之间有性格上的差异，常常会出现矛盾。有矛盾是正常的，如果任由这种矛盾发展下去，甚至导致势不两立的地步，说明矛盾双方都存在问题了。每个人都有优点，我们总会因为"看你不顺眼"而忽视了对方的优点。人应该怀着一颗宽容的心，抱着求同存异的态度去相处。

16 ▷ 微笑传递爱与温暖

上帝不是某一个人，也不在遥远之处，你我身边那些真诚微笑的人，他们都是上帝。

有个小男孩渴望与上帝见面，他听说上帝住的地方比较远，所以就用书包背着面包和饮料出发了。

　　小男孩路过公园时，看见长椅上坐着一个老妇人，她正安静地看着不远处的鸽子。小男孩刚好走得有点累了，便到老妇人身旁坐了下来，打开书包找出了面包和饮料。小男孩看了看老妇人，觉得老妇人也应该饿了，便递给她一块面包。

　　老妇人接过面包，冲小男孩露出一个感激的微笑。小男孩觉得老妇人的笑容既像天使般美丽，又像一副珍藏多年的画一样，让人觉得珍贵。小男孩想再次看看老妇人的笑容，于是便又递给她一瓶饮料。老妇人再次向他露出微笑。小男孩心情好极了！

　　就这样，小男孩和老妇人在公园的长椅上坐了一个下午，一边吃东西一边相视而笑，虽然他们没有说上一句话。

　　夜幕降临了，小男孩想是时候回去了。当他站起身准备离开时，突然想起了什么，转过身跑到老妇人跟前，给了她一个大大的拥抱。老妇人开心地笑了，笑得是那样慈祥，那样和蔼。

　　小男孩兴高采烈地回到了家，他妈妈不明白他为什么会这么开心，便问："今天发生了什么事让你如此开心？"

　　"我今天和上帝愉快地吃了午餐。她还对我微笑，你知道吗？"小男孩兴奋地告诉妈妈，"她的微笑是这世界上最美的呢！"

　　那妇人也怀着愉快的心情回了家，她的儿子问她为什么这么高兴，她回答说："今天我在公园里遇见上帝了，我们一起吃了面包，他还给我一个大大的拥抱。真好，他比我想象的要年轻很多！"

心灵人生 🔍

　　人与人之间的相处贵在真诚，因为没有谁愿意被欺骗，也少有人喜欢欺骗他人。微笑是人类最美好的表情，它向他人传达出友好、愉悦、分享等信息。实际上，在心情愉悦的时候，人体的各项机能都会达到最佳状态。由此可见，人类天生就是向阳性动物，天生就是乐天派。

17 ▶ 当体谅成为习惯

如果每个人都只懂自私自利而不懂为他人着想的话，我们生活的地球就会成为一个冷漠无情的世界。

　　有个老人在临终前把自己一笔数目可观的财产平均分给了自己的两个儿子。

　　老人去世后，自小跟哥哥感情不错的弟弟想："我自己一个人生活容易，但哥哥家里有老婆儿子的，要比我辛苦，我应该把自己的财产分一半给他才对。"他虽有这个想法，但他又怕哥哥不同意，于是在一天夜里，他悄悄地把自己一半的钞票送到了哥哥家里，放到账本下压着。

　　同一天夜里，住在弟弟隔壁的哥哥想："我已经结婚生子，只要跟老婆一起努力，生活一定会好起来的。弟弟现在还孤单一人，应该把财产多分一点给他，好让他为以后的生活做准备。"哥哥心里虽然这样想，但他担心妻子闹意见，也担心弟弟不领情。

哥哥于是也趁着夜色，悄悄地把自己一半的钞票送到了弟弟家里，也放到了账本下压着。

第二天一早，兄弟俩起来做生意，都发现账本下多了不少钱，他们都不知道是怎么一回事，还以为自己在做梦呢。

当天晚上，兄弟俩又想到，除了钞票，其实一些值钱的器物也可以送给对方。于是，哥哥和弟弟几乎在同一时刻，把自己家里的一只古董悄悄地搬了出来，往对方家走去。然而，这一次他们在路上相遇了。

哥哥问弟弟这么晚了抱着个瓶子去哪里，弟弟也这么问，他们都吞吞吐吐答不上来。后来兄弟俩终于说实话了，他们知道后放下手中的东西，紧紧抱在一起互相感动得哭了起来。

"弟弟，不如我们不要分家了好吗？"哥哥对弟弟说。

"嗯，咱们一起用父亲留下的这笔财产来经营。"弟弟激动地点点头。

心灵人生 🔍

我们常常会犯这样的错误：对陌生人客气热情，对自己的亲人却熟视无睹。不仅如此，一旦涉及利益，亲人之间有时说翻脸就翻脸，甚至闹到对簿公堂的地步。人们常说，这一辈子能做兄弟是上一辈子修来的福气。朋友之间需要信任和体谅，亲人之间更需要这样，它有时候比亲情更珍贵。

▶18 只需一颗赤诚之心

一个贫穷的人从头到脚都是难以掩盖的困窘，唯一能驱除这种困窘的是
他的自信与真诚。

林肯是一位出身贫寒的总统，让他当上总统并受到人们爱戴的东西从来都不是财富，而是真诚。

与林肯竞选总统的是一位大人物，即民主党的道格拉斯。道格拉斯仗着自己财势雄厚，在竞选时为了在气势上压倒林肯，花重金动用了一辆汽车，每到一处就鸣炮，以此来为自己拉票造势。

然而，林肯并没有跟道格拉斯比财气比造势，他只是坐着一辆农民耕田用的马车，到选民中去，与选民进行最深刻最亲切的交流，用朴实的言语表达他对民众的热爱和对未来的执着。

他的演讲词中有这样一段让人至今难以忘怀的话："如果大家想知道我有哪些财产，拿什么来参选，那么我告诉你们，我有一位深爱着的妻子和三个可爱的女儿，他们都是我的无价之宝，是任何东西都无法替代的。除此之外，我还有一个租来的很小的办公室，里面只有一张桌子跟三张椅子。办公室里最值钱的东西就是一个大书架，里面放着许多我热爱的书籍，它们值得我们每个人花时间去阅读。我家境贫困，长得又瘦又丑，我没什么可依靠的，我唯一可依靠的便是你们。"

美国人看到了林肯对家庭的爱，对民众的爱。人们在他坦诚的演讲中，看到了他人性的光辉，而他也把唯一的依靠放在了民众身上。美国人很清楚，他们需要的正是这样一位总统。

心灵人生 🔍

对于自己暂时还没有拥有的东西，人们大都不喜欢看到他人拥有。对于穷苦的人来说，他们肯定不喜欢看到有钱人在他们面前炫耀自己的财富。实际上，真正有思想的人，不管是富人还是穷人，他们都会喜欢那些朴素、真诚的人，因为这样的人更可靠、更实在。

19 ▶ 静待谣言自破

谣言就像河里被搅动起的浑浊之水，只要耐心等待一时半会，它就会被流动的水冲得一干二净。

山上有一座庙，庙里住着一位禅师，法号白隐。庙的不远处有一家百货店，店主夫妇俩有一个漂亮的女儿。

不知从哪一天起，夫妇俩发现女儿的肚子渐渐大了起来。夫妇俩很生气，女儿竟然做了这种伤风败俗的事情，一再逼问下，女儿流着泪说出了"白隐"二字。

夫妇俩怒不可遏，立即找到了白隐，问女儿肚子里的孩子是不是他的。白隐对此没说一句话，既不承认也不否认。"哼，如果孽障生了下来，你自己养去！"夫妇俩丢下这么一句话就走了。

孩子生下来之后，夫妇俩便把孩子丢给了白隐，让白隐抚养。白隐默默地接过孩子，从此开始对其悉心照料。

由于这件事，白隐变得声名狼藉，但他似乎并不在意，不急不慢地向邻居乞求婴儿所需的各种用品，即使遭受邻居的白眼也总能泰然处之，仿佛是受托抚养别人的孩子一样。

一年后，夫妇俩的女儿再也忍受不了良心的谴责，终于说出了真相："白隐禅师不是孩子的父亲，孩子的父亲另有其人。"原来，孩子的父亲是山下的一个小伙子。

夫妇俩赶紧向白隐禅师道歉，向大家说明白了事情的真相。

"禅师，我们错怪您了，您一定要原谅我们！"夫妇俩向白隐恳求道。

白隐微微一笑，说道："孩子是无辜的，你们要好好照顾他。"

心灵人生 🔍

对于谣言，如果你过分紧张，竭力要为自己澄清的话，很可能会适得其反，大家都会以为谣言是真的。最好方法是不去理会它，或以一颗宽大的心来接受它，到最后它就会不攻自破，昭白天下。

20 ▷ 勇于担当的可贵

知错能改，那自然是善莫大焉，若无错而认错，那就超乎对错之外了。

一座古寺的大殿里供奉着一串念珠，那是世代留传的镇寺之宝。

方丈座下有七个弟子，他们每天轮流守护念珠，一周一循环。方丈规定，守护的弟子要时刻诵经念佛，不许闲杂人靠近。

一天早晨，有个弟子发现念珠不见了，连忙报告给了方丈。

方丈立即召集了这七个弟子，义正词严地说："守护念珠的是你们七人，如今念珠不见了，想必是你们其中一人拿了去。"

不知是失职还是心亏，七人面面相觑、忐忑不安。

方丈接着说："不过，念在是初犯，所以不管是谁，只要放回去了我就不追究。"

然而七天过去了，念珠依旧不见踪影。

方丈只好又召集了他们："念珠是宝物，你们真的那么想据为己有吗？那好，只要现在谁承认了，他就不仅可以拥有念珠，日后还能继承方丈之位。"

然而，七人只是低头不语。

"好吧，既然你们不承认我也不勉强。"方丈无奈地说，"你们该干嘛就干嘛去吧！"

六个弟子满脸庆幸地陆续走开了，却有一个弟子留了下来。

"此事我已不追究了，你为何留下？"方丈问这名弟子。

"事情总该有个结果，师父就当是我拿了念珠吧。"这弟子答道，"再说，今天该我守护了，虽然念珠不见了，但我心中的佛还在。"

方丈满意地点点头，微笑着从怀里掏出念珠："如果心中无佛，念珠也只是念珠而已。以后就由你来继承方丈之位。"

心灵人生 🔍

对大部分人来说，被人冤枉是一种难以释怀的痛。然而，如果一个人为了大义而承认莫须有的罪名，那就意味着他的心能把整个世界装进去，这才是真正的觉悟。对于一个心无信仰的人而言，即使他手里拿着一件千年宝物也无法承载任何精神价值，此时的宝物也不过是寻常物事而已。

CHAPTER
SIX

卷六
别等到失去了才后悔莫及

卷六

别等到失去了才后悔莫及

　　为了实现珍贵的梦想，你一直都在努力地奔跑着。当你跑累了，在夜深人静时回首往事，蓦然发现自己其实并没有真正得到过什么。原来，你在得到的同时也在失去。你得到了稳重，失去了纯真；得到了财富，失去了时间；得到了新朋友，失去了老朋友……你明白了这样一个道理：世界上没有什么是永垂不朽的，更没有什么能被永远地握在手心里，你能拥有的只有此时此刻。于是，你学着让自己去珍惜，惜取眼前的一切人和事。

01 让快乐住进心里

真正的快乐来源于内心，它不会因为你丢掉了一个物件而跟着消失不见。

有个国王整天郁郁寡欢，臣子都不知道国王因何事不高兴，就连国王自己也不清楚。

国王请来了一位智慧老人，想从老人口中知道自己不快乐的原因。

"陛下，老臣也不知您为何不快乐，"老人思索了半天才开口说道，"不过您如果想快乐起来，就要找一个快乐的人，他既无忧愁也无奢望，只要把他的衬衫和您的交换就可以了。"

国王于是大昭天下，让大家帮忙寻找最快乐的人。

然而几个月过去了，快乐的人虽不少，但没有谁是毫无奢望的。国王很失望，便到森林打猎散心。

在森林里，国王射中了一只野兔，但没射死，野兔一瘸一拐地逃走了。国王追着野兔跑，跑着跑着来到了一座村庄。村庄里稀稀疏疏地散落着几座小木屋，木屋前后都有人在劳作，他们看上去怡然自得。

这时，有个小伙子手里提着一篮葡萄，嘴里哼着小曲儿向国王走来。

国王想："这小伙子看上去很快乐，会不会是我要找的人呢？"国王赶紧上前问："小伙子，你每天都这么快乐吗？"

"那还用说，隔壁村有一位漂亮的姑娘，非常喜欢吃我摘的葡萄，"小伙子高兴地说，"这不，我现在又摘了一篮子葡萄要给她送去呢！"

"那你还有其他的奢望吗？"国王兴奋地问。

"我的父母身体好，我的日子也过得有滋有味的，还能有什么奢望？"

"我是国王，你能不能帮我个忙？"

"不管你是国王也好，农民也好，如果我能帮的，我会尽力帮你，说吧。"

国王欣喜若狂，猛然伸手抓住小伙子，解开他外衣扣子，却愕然地发现这个快乐的人竟然没有衬衫。

心灵人生 🔍

金钱确实能带来一定的快乐，人们可以在消费商品中得到满足感。然而，这种快乐并不能持久，也不是真正意义上的快乐。真正的快乐不依赖于外物，只要能吃饱穿暖，每个人都可以快乐起来。有人常常不快乐，多半是因为有太多奢望，并且这些奢望常常无法满足，这样的人和他的人生想不愁苦都难。

02 ▶ 别让贪婪绑架了你

真正的痛苦不在于得不到，而在于今天得到了一样东西，明天又想得到更多。

有个农夫虽然很贫困，但他每天都过得很开心，这让魔鬼撒旦很气愤。为了夺走农夫的幸福，撒旦派了一个小鬼去执行任务。

小鬼领了任务后，马上把农夫的田变得又干又硬，让农夫无法顺利开垦。然而，农夫并不懊恼，既然土地无法耕种了，他便做起了小生意，同样过得悠哉游哉。

小鬼见阴谋没得逞，便顺手偷走了农夫的午餐，想让农夫因为丢失午餐而发脾气。然而，农夫并没有暴跳如雷，只是叹了口气说："肯定是比我还饿的人拿走了，可怜的人啊！"

两次行动都失败了，小鬼只好回来复命，请撒旦亲自出马。撒旦想："这农夫之所以还能幸福，是因为我们没有唤醒他的欲望。"撒旦这样想过之后，就变成了凡人与农夫做了朋友，教会农夫如何赚钱。

几年下来，农夫变成了一个富人。

自从有钱了之后，农夫便用这些钱去购买自己需要的东西。渐渐地，他觉得金钱真是太神奇了，无所不能，于是就买了一所大房子，雇来许多佣人伺候自己，经常邀请富翁来家里搞派对，过起了奢侈的生活。

有一次，佣人给客人倒酒时，不小心把整瓶酒都打碎在地。农夫见了立即破口大骂："这么贵的酒竟然打翻了，你赔得起吗？"佣人非常害怕，低声下气地说："我们干活干了一整天，到现在一口饭都还没吃呢，饿得没力气……"佣人还没说完，农夫就生气地指着仆人说："你事情都还没干完就想吃饭！"

小鬼见到农夫终于生气了，就高兴地问撒旦原因。撒旦说："我让他拥有的比他所需要的还要多，他人性中的贪婪就彻底暴露出来了。"

心灵人生 🔍

这是一个花花世界，很多人都在过着纸醉金迷的生活。如果没有见识过外面的世界，很多人都能在自己的小世界里怡然自得。当见识了外面的世界，又有能力沉醉到这个世界中去，我们都难以拒绝这种诱惑。欲望是没有止境的，它会使人变得更贪婪，更斤斤计较。

03 智者懂得知足

天下财富无穷无尽，愚者耗费心力企图将其尽收囊中，唯有智者懂得一榻一食足矣。

颜回是孔子最看好的学生，然而也是他最贫穷的学生。

孔子办学的主要目的是想培养更多能够治理天下的有才之士，也就是希望自己的学生都能走上仕途，实现自己的抱负，这便是所谓的"学而优则仕"。

孔子觉得颜回最适合做官，在他的众多子弟中，无论人品还是才华都在颜回之下的，都会有一官半职的，所以，孔子认为，只要颜回自己乐意，当官肯定是一件极其容易的事。为了让颜回有个美好的前程，有一次孔子把颜回叫到跟前说："你穷且无地位，何不去当官？"

"我不想当官。"颜回答道，"我在城外有五十亩地，种的粮食够我喝上米粥；我在城里也有十亩地，种的桑麻可供我衣服。我吃穿都解决了，况且我平时就爱琴棋书画，自娱自乐。此外，我从老师身上学到的道理也让我感到很满足。所以，我很珍惜现在所拥有的生活。"

孔子听了高兴地说："嗯，你说得对，知足的人不会因为利益而让自己烦恼，自力更生的人不会因为自己受损失而恐惧，有道德的人不会因为没有社会地位而感到羞愧。你的做法我很欣赏，这也是我的一大收获啊！"

心灵人生 🔍

有的人觉得知足常乐是一种安于现状、不思进取的消极状态，其实不然。知足常乐是在告诉我们不要计较太多，要以平常心来面对人生的宠辱。珍馐百味，一日也不过三餐；豪宅华邸，睡觉也不过一席之地。人生要获得幸福快乐的并非要努力去让自己站得有多高，而是站在此时此地，珍惜此刻所拥有的生活。

只看到自己拥有的

04

智者不会去计较自己所没有的东西，而是珍惜和感恩自己现在所拥有的一切。

她是一个老师，也是一个小儿麻痹症患者。

在很小的时候她就饱受了脑性麻痹的折磨，身体失去平衡感，话也无法说得清楚。虽然旁人都用异样的眼光看她，但她并不自暴自弃，而是努力奋斗，用自己的血泪换来了加州大学绘画专业的博士学位。

她每次讲课时，双手总会不自觉地抖动着，脖子伸得长长的，嘴巴老是张开着，眼睛则眯成一条缝。刚上她课的学生都会被她的模样惊住，但很快又会被她的才华与坚强所感动。

虽然话讲得并不十分流利，但她听力非常好。有一次，讲台下有一位学生小声地对同桌说："我真想知道老师是怎么看待她自己这个样子的。"同桌赶紧示意他不要这样讲，被老师听到会不好。不过，她还是听到了。

"我如何看待我自己？"那位同学刚小声说完，她便在黑板上写下了这么一句话，然后转身对那个这样问她的学生微笑了一下，接着在黑板上飞快地写起来：

"我的头发很长！

"我的爸爸妈妈还健在！

"爸爸妈妈也很爱我！

"我会画画！

"我对色彩的分辨能力强！

"我有你们这些学生！

"我家里还有一只猫！

"还有……"

在省略号下面，她最后加上了这样一句总结的话："我只看到我所拥有的，不去羡慕我所没有的。"

心灵人生

对于很多人而言，命运似乎缺乏公平，他们遭受了种种肉体和精神上的折磨。然而，正是遭遇了苦难的人，才更明白生命的意义，从而学会珍惜和感恩。对于那些看似什么都有的人而言，要想获得这两样宝贵的东西也许要花费一辈子的努力。

05 ▶ 并非失去的最珍贵

人生是一个一边得到一边失去的过程，那些将要失去的我们阻止不了，

只能提醒自己好好珍惜正拥有的。

有位学生请教苏格拉底："世上什么东西才是最宝贵的呢？"苏格拉底没有立刻回答，而是领着学生去访问了许多人。

在医院，他们访问了富翁。

富翁腰缠万贯，整天都过着灯红酒绿、纸醉金迷的生活。然而，富翁患了绝症，生命没有多少时间了。富翁回答说："最宝贵的东西是健康，如果可以的话，我宁愿把所有财富换回健康。"

离开富翁后，他们来到了赌场门口，访问了一个刚输光身上所有钱的年轻人。

年轻人曾靠自己的努力赚了不少钱，但他想挣更多的钱迎娶自己心爱的姑娘，于是就到赌场赌博，最后把钱都输光了，心爱的姑娘也伤心地和他分手了。年轻人垂头丧气地回答说："用自己双手努力得到的东西就是最宝贵的。如果我再重来一次，我一定要好好珍惜我的努力，珍惜我的汗水！"

离开赌场后，他们来到公园，询问了一个正在晒太阳的老人。

老人颤抖着嘴巴，盯着年轻的学生激动地说："在我看来，这世界

上最宝贵的东西就是青春。你看，我现在老了什么都干不了，还是你们年轻人好啊，还有大好的未来等着你们啊！"

苏格拉底领着学生一路访问下去，有钱的人觉得健康最宝贵，贫穷的人觉得奋斗最宝贵，在监狱里的人觉得自由最宝贵……尽管答案各色各样，但有一点始终相同：那些最宝贵的东西，正是他们已经失去了的东西。

苏格拉底问学生："你现在明白了世上最宝贵的是什么了吗？"

"我想我明白了。"学生说，"世上很多东西都是宝贵的，但人在拥有它们的时候并不觉得，直到失去了才意识到它们的宝贵。所以，我们要学会珍惜现在拥有，而不是等到失去了才后悔莫及！"

心灵人生 🔍

生活中，每个人都在不懈地追求着，追求我们想要得到的东西。我们常常认为，自己所追求的东西是最珍贵的。然而，自古得失无法两全，我们在追求的同时也在不可避免地失去。当我们蓦然回首时，发现最珍贵的东西通常都不是我们正在追求着的，而是已经失去了的。

06 幸福在于着眼当下

有时，有些人所谓的向往，不过是渴望离开自己活腻了的生活，到别人
活腻了的生活中去。

一匹四处云游的马来到了一个驿站休息，它看到驿站里有头驴正在悠闲地嚼着草，于是便上前搭讪："驴老弟，在闲着呢？"

驴把头高高地抬起，用鼻孔对着马说道："原来是马兄啊。是啊，我刚忙完，现在休息一下。"

马对驴看自己的姿势感到不满，于是问："驴老弟，你干嘛不用眼睛看我，而费那么大力气用鼻孔看我？"

驴说："这世上谁会用鼻孔看人的？"

"那你怎么解释刚才的行为呢？"

"主人怕我拉磨时不专心，东张西望，就给我绑了个东西盖住我的眼睛，让我只看到脚下的地方。"驴解释说，"这样一来久了，我要想看远处的东西就必须将头高高抬起才行！"

马听了十分同情驴，为驴感到难过："驴老弟呀，真是难为你了。你总是一天一天地看着脚下的丁点儿地方，错过了这世界的大好风光，真为你感到不幸啊！"

"我并不觉得这就是不幸。"驴不以为然地说，"我没看到过的风景，

在我心中是不存在的。所以，我怎么会为不存在的东西而遗憾呢？"

　　人应该有选择自己生活方式的权利，不管是朴素的还是奢侈的，只要
是适合自己的就好。我们现在所拥有的生活，其实都可以说是适合自己的。
我们之所以努力让自己过得更"好"，是因为我们见识过了别人更广阔的
生活。其实不管是什么样的生活，我们能做的只有活在当下，好好珍惜它。

07 ▶ 贪心不足喜成忧

请好好珍惜你今天所拥有的东西，因为这些东西正是你昨天所渴望的，
也是你明天将要失去的。

　　草原上有个牧民，每天傍晚放完牧之后都会跪在草地上向上苍祈
祷："天上的神啊，如果您能听见我的祈祷，请让我变成一个富人吧！"

　　一天傍晚，当夜色慢慢降临时，这位劳累了一天的牧民又开始向上
苍祈祷。祈祷完毕后，他准备扎营休息。就在这时，天空中忽然出现了
一道耀眼的闪光，几乎将整个草原都照亮了，不一会儿，神出现了。

　　牧民很高兴，他的祈祷终于被神听见了，于是就虔诚地跪在地上，
等候神的指示。

　　"请拣路上小石子，丢入你的马鞍子；明日今时喜所得，贪心不足

愁所失。"神说了这么一句话就消失了。

牧民只听明白了"小石子"和"马鞍子",对什么"所得""所失"全然不懂。"草原上遍地都是小石子,神怎么会让我做这种把小石子放进马鞍子的无聊事情呢?"牧民对神的指示心生疑问,不过既然是神的指示,他也不敢违背。于是,牧民在路上随便拣了些小石头放进自己的马鞍子里。

第二天傍晚,当牧民像往常一样准备扎营休息时,惊讶地发现昨天放进马鞍子里的石头变成了一颗颗耀眼的钻石。牧民开心极了,但随即悲伤起来,后悔昨天为什么不多拣一些呢。

| 心灵人生 🔍 |

千百年来,对财富的渴望像影子一样紧紧跟随着人类。世上的财富再多也是有限的,而人类的小小心灵却隐藏着无限的欲望。我们都在为自己所得到的东西而高兴,更在为得不到更多而伤心。人应该懂得知足和感恩,因为我们现在所拥有的东西,其实很多人都无法拥有。

08 生命才是最珍贵的财富

钱财乃身外之物，不管它能买到什么，只要它买不回生命，我们就没必要为它付出生命的代价。

商人辛苦了大半辈子，终于攒下了让自己足够满意的财富。

他觉得这些财富终于可以让他尽情地享受几年了，于是决定暂停生意。然而，就在他收拾好行李准备外出旅行时，死神来到了他身边。

"你的时间用完了，是时候跟我走了。"死神对他说。

"你在开玩笑吧，我正打算好好放松一下，我的时间怎么就用完了呢？"商人十分诧异。

"你难道不知道吗，为了得到财富，你用时间和健康做了代价。"死神说。

"我求求你了，请你再给我两天时间吧，我将一半财产分给你。"商人恳求道。

"我不需要钱！"死神显得有点不耐烦了，"别废话，跟我走吧！"

"我把所有的财富都给你，哪怕让我多活两个小时，行吗？"商人依旧恳求着。

死神还是拒绝了他。

"既然这样，那能不能就等一会儿，让我写一句话总可以吧？"

"好吧，反正我有无限的时间，不在乎等几分钟。"死神终于做出了让步。

商人咬破了手指，用血写道："人啊，请好好珍惜和利用你的生命吧，因为生命才是最宝贵的财富！"

心灵人生 🔍

我们刚降临到这个世界上时，都是最富裕的人，因为我们拥有最年轻的生命。生命是一场无法逆转的交易，每个人都有自由使用和消耗它的权利。你可以用它来换取金钱，也可以用它来换取爱与幸福。不管怎样，这笔与生俱来的财富总是在日渐减少，用它来换取什么，你我都应慎重选择。

09 别等转身才看到幸福

我们苦苦追寻的幸福其实就在身边，但我们总要等到失去了它时才恍然大悟。

从前，有个小王子觉得自己过得并不幸福，便找来了大巫师，问如何才能得到幸福。大巫师说："幸福是一只青色的鸟，它拥有世上最清脆的歌喉，如果能找到它，并把它关进黄金鸟笼里，殿下就能得到幸福了。"

于是，小王子不顾父皇和母后的反对，带着一只黄金鸟笼四处寻找青色的鸟。

一路上，小王子抓到过不少青色的鸟，但那些青色的鸟放进黄金笼子里不久便会死去。小王子知道，那些并不是他要的幸福。

许多年后，小王子不再年轻，他想起了远方的父皇和母后，于是便回到了皇宫。但此时的皇宫已物是人非，他的父皇和母后早在他出走后不久，因为悲伤过度而离开了人世。

王子很伤心，孤独地来到了街道上。

忽然，有一个白发苍苍的老人站在王子面前，这老人正是当年的大巫师。

"王子殿下，真的对不起，当初实在不应该鼓励您去寻找青鸟。"大巫师哽咽地说着，从口袋里掏出一件物品来，"这是国王临终前要我交给你的。"

王子拿在手上一看，原来是他小时候父皇亲手为他雕刻的一只木黄莺。见到父皇留给他的遗物，王子悲伤得泪如雨下，紧紧地把木黄莺抱在胸前。

突然，木黄莺好像扑腾了一下翅膀，还发出了叫声。王子一惊松了手，木黄莺便趁机飞走了。

"啊！"老巫师一惊，连忙跪倒在地，"王子殿下，请原谅老臣的糊涂，刚刚飞走的木黄莺，正是我所说的青鸟啊！"

心灵人生 🔍

人的一生本身就是一个轮回。童年时，我们过得无忧无虑，那是一种还未被理解的幸福；年轻时，我们以为所要追求的幸福在很遥远的地方，于是花费了毕生的精力去寻找；年老时，我们蓦然回首，原来一直寻寻觅觅的幸福其实就在身边，那正是童年时体验过的幸福，只是这时我们方理解了它的真谛。

10 幸福不需苦苦追寻

幸福不在遥远的天边，而是近在眼前，只要你用心去细细体会，你就能发现它。

有个年轻人一直在寻找幸福，有个不怀好意的巫师告诉他，只要他一闭上眼睛就会有个美丽的女子出现在他身旁，给他带来幸福。

年轻人按照巫师的指示闭上了眼睛，果然有一位声音柔和、满身香气的女子轻轻地来到了他身边。在这位女子的陪伴下，年轻人觉得自己幸福极了。

有一天，又有一位美丽的姑娘走到了年轻人面前，对他说："请你睁开双眼看看我吧，我比任何女子都更漂亮、更温柔，我能带给你真正的幸福。"

"不，"年轻人想了下，有点犹豫地说，"我现在已经很幸福了，况且我不知道你是否真的那么美丽。"

"你睁开眼睛亲眼看一下不就知道了吗？"姑娘说。

但年轻人还是拒绝睁开眼睛。

姑娘很无奈，只好叹着气失望地走开了。

听见姑娘离去的脚步声，年轻人终于忍不住睁开了眼睛，但他望见的只是一个远去的倩影。年轻人很后悔，觉得自己应该早点睁开眼睛。"既然如此，我只有再次闭上眼睛了。"但是，当年轻人闭上眼睛的时候，那个满身香气的女子也不见了。

"我的幸福为什么不见了？"年轻人找到了巫师，大惑不解地问道。

"你上当了，"巫师奸笑道，"你闭上眼睛看到的女子不过是你的幻想，而那个来到你身旁的姑娘，才是你真正的幸福，不过你已经错过了。"

心灵人生 🔍

幸福从来都不是人们头脑中的幻想之物，它是确确实实存在于我们身边。然而，对于幸福，几乎每个人都在幻想着。我们以为幸福就是赚更多的钱，住更高的楼房，开更好的车，于是便闭上眼睛盲目地去追求。在我们为这些物质奔波时，真正的幸福其实一直在我们手边，只是被我们忽略了而已。

11 珍惜那个与你携手的人

其实，生命给了我们很多宝贵的的东西，只要你放弃对失去之物的追悔，

你会发现你还拥有很多幸福的机会。

有家很有名的餐厅，因为里面没有任何照明设备，伸手不见五指，所以它有一个特别的名称，叫"黑暗滋味"。

餐厅里的服务员大都是经过专门训练的盲人，每当有客人来就餐，他们都会热情地带客人到适当的位置，然后给客人念菜单请他们点菜。在这家餐厅里，经常会发生一些让人感动的小插曲。

有一对觉得无法过下去的夫妻，在决定离婚之前来到这里吃最后的晚餐。

在开始用餐时，妻子在黑暗中不小心将酒杯打碎了，慌乱中手指又被碎片划了一道口子。盲人服务员送来了创可帖，当提出要帮这位女士包扎时，被其丈夫阻止了。"我来吧！"丈夫说着接过服务员递给他的创可帖，一边安慰自己的妻子，一边小心翼翼地摸着黑帮妻子包扎伤口。

当他们走出餐厅时，妻子发现丈夫的手指也被划伤了，此时还在流着血。

"原来你也划伤了，为什么不告诉我？"妻子很心疼丈夫。

"可能在给你包扎伤口时划伤了，不知为什么当时不觉得疼。"丈夫回答说。

想到丈夫为了给自己包扎伤口，就连自己划伤了也没察觉，妻子很感动，与丈夫紧紧相拥在一起……

有位记者慕名前来采访餐厅的老板，问他开这家餐厅是否有什么特别的意义。老板回答说：“只有一起度过黑暗的人，才会珍惜彼此享受阳光的日子啊。”

心灵人生 🔍

如今社会上总有太多的人承受着各种压力，使得人与人之间的关系变得脆弱。人虽然都排斥压力，但是当苦尽甘来的时候，却又在寻找着另外的压力。在人生道路上，有人能够与我们患难与共、携手前进，这是上帝赐予我们最大的恩惠，我们应该加倍珍惜，加倍感恩。

12 ▶ 穷也能取之有度

即使活得再卑微，也不可以放弃最起码的做人原则，仍然有办法保持你的自尊与仁爱之心。

那天天空下着小雨，有点冷，市区到处都塞车。凯文约了客户在咖啡店见面，找了个停车场将车停好之后，便朝咖啡店小跑过去。

就在凯文快跑到咖啡店门口时，前面走来了一位乞丐。只见乞丐穿着破烂的旧棉袄，裤子也是破烂不堪，脚下是一双过时的烂凉鞋，他端着小盆子，拄着拐杖，对着凯文微笑。

在这座城市里，这种乞丐到处可见，凯文是见惯不怪，一直采取对其视而不见的态度，但是这次为了快点脱身，他掏出钱包来，准备拿点钱给他。凯文看见乞丐的盆子空荡荡的，又见他不像平时那些乞丐那样难缠，就将钱打开说："你自己要多少自己拿吧。"凯文心想，钱包最多也就几百块，快过年了，要是他真的都拿了就当做送一套衣服给他吧。

然而，出乎意料的是，乞丐微笑着对凯文说："年轻人赚钱也不容易啊！"说着从凯文的钱包里只拿了五块钱，然后微微地弯了弯腰走了。

凯文站在原地，看着眼前这个逐渐远去的背影，心情久久不能平静。

心灵人生　🔍

靠乞讨而活，这本来就是一种丧失尊严的活法。我们不知道那些人为什么会沦为乞丐，但我们知道的是，只要还有手有脚，就应该自食其力。人应该知足，即使此时身无分文也要取之有度。这是一个由"人"构成的社会，人与人之间要有同情心，因为我们无法靠冷漠活下去。

13 ▶ 有些事想到了就及时做

我们常常把某些喜好和愿望寄放在"以后"，殊不知，这些个"以后"

最终多半都成了终生遗憾。

妻子很想去旅游，想去八达岭看长城，想去西安临潼看兵马俑。但丈夫说："等我们赚了更多的钱再去吧，到时不仅要去看长城和兵马俑，我们还要出国，到巴黎看埃菲尔铁塔，到埃及看金字塔。"

那时他们赚的钱刚好够温饱，不要说去旅游了，就算想给自己添新衣服，夫妻俩都要琢磨来琢磨去。

慢慢地，他们有了自己的孩子。夫妻俩把所有心思都放在了孩子身上，自己的生活能够简单点就简单点，只要能省出钱来供孩子读书，他们再苦也愿意。于是，他们渐渐忘记了要去旅游的想法，甚至忘记了让自己吃好一点，穿好一点。

后来，儿子上了大学，邻居常常对夫妻俩说："你们的儿子真争气啊，考上了好大学，你们可以好好享受享受了。"

"哎，哪有钱享受啊，"妻子说，"孩子是考上大学了，可将来还要找工作呢，还要结婚呢。我们辛苦点无所谓，只要能让孩子过得好一点。"

多年后，孩子毕业了，工作也找到了，正处着一个女朋友。

妻子这时对丈夫说："我们好像也攒了几十万了吧？我想是时候出

去走走了。"丈夫点头说是。然而，当他们收拾好行李准备出门时，才发现身体已经不大受用了，不得不去医院检查，最后竟在医院里住了几个月。

虽然几经波折出了一趟远门，但此时他们已经白发苍苍了。

心灵人生 🔍

　　每个人都有把生活向后移的倾向，这无疑是人生最悲哀的事情。在我们还年轻的时候，我们的身体可以到达世界上任意一个角落，但却因为手头紧张而迈不开步伐；当我们攒了足够的钱后，才发现身体已经无法多移动半步了。如果有想要做的事情，现在就行动，人生经不起太多犹豫。

14 至贪则一无所获

不要轻易与你的欲望较量，如果有好处，请见好就收，否则你可能一无所获。

有个街头流浪汉整天幻想着自己能得到一笔钱，哪怕只有两万元也好。

一天，流浪汉在街头乞讨时，无意中发现了一只可爱的小狗。流浪汉虽然对狗的了解并不多，但直觉告诉他，这是一只名贵小狗。他四下看了看，发现没人，便把小狗抱到了一个隐蔽的地方藏了起来。

第二天，流浪汉在街头电视墙上看到了一则寻狗启示，寻的正是他抱走的那只小狗，酬金是两万元。

"太好了！"流浪汉喜不自胜，"这两万块拿得还真轻松。"

当他抱着小狗打算寻址归还时，心头忽然有了一个想法："我才把小狗抱走了一天，小狗的主人就在电视里登了广告，想必这小狗的主人一定是个富翁，何不再多等两天，说不定酬金会更可观！"

果然，到了第三天，酬金提高到了三万元；第四天，酬金又涨了。

"每天都在涨，这比买股票还过瘾啊！"流浪汉兴奋地想，于是他决定再多等几天。

第七天时，酬金已经涨到让普通市民都吃惊的地步，流浪汉觉得是时候归还小狗了。然而，当他来到藏匿小狗的地方时，发现小狗已经饿死了。

心灵人生 🔍

社会的财富总量是有限的，不过对于个体而言，财富似乎是无限的。人的欲望和财富一样，也是无限的。然而，很多时候我们忽略了这样一个事实，那就是：人的生命和机会是有限的。用有限的生命和机会去换取无限的财富，这是一笔什么样的买卖？做人不要太贪心，如果你手里正拥有着什么，那就请好好珍惜它。

15 人世间最宝贵的

人类一直寻找的生存意义，不外乎能拥有世上最为宝贵东西，但究竟什么是最可宝贵的，却从来莫衷一是。

在他是个生气勃发的青年时，渴望着成为一个亿万富翁。

有人问他人世间最宝贵的是什么，他毫不犹豫地回答说："当然是钱了！只要拥有钱，我就能买任何我想要的东西，我就能成为世界上最幸福的人。"

经过了二十来年的拼搏，他终于成了一个亿万富翁。此时已人到中年的他身体开始发福，不知何时，脸上的沧桑早已取代了曾经的青涩。

这时又有人问他："人世间最宝贵的是什么？"

"是得不到的东西。"他回答，"我虽然拥有让所有人都羡慕的财富，但有很多东西依然无法用钱买回来，例如一份温暖的亲情，一份刻骨的爱情，一份真挚的友情，甚至是内心的平静与满足。"

后来，他到了古稀之年，膝下儿女成群，该经历的都经历过了。

有人又问起那个问题："人世间最宝贵的是什么？"

"人世间最宝贵的就是已经失去的东西。"他想了想答道，"为了追逐金钱，我失去了青春，失去了爱人，失去了侍奉父母的机会……所以，失去的东西才是最珍贵。"

再后来，他即将驾鹤西去，忽然大彻大悟，明白了人的一生到头来无法拥有任何东西，不管是金钱、青春、爱情还是亲情，都要离自己而去。

此际又有人问他："人世间最宝贵的是什么？"

"人世间最宝贵的从来都不是特定的一样东西，"他面露微笑，"而是你此时此刻拥有的各种酸甜苦辣。"

心灵人生 🔍

对任何一个个体而言，人生从本质上来说是没有意义的，因为每个人最终都会死去。然而，"人生无意义"的说法是一条死胡同，活着的人就不应走进去，所以，我们都默认人生是有意义的。如果说人生是一趟无法回头的旅行，那么所谓的人生意义就是尽情地欣赏一路上的窗外风景。

16 别再苦等明天

不要把一条腿留在昨天，也不要试图把另一条腿跨入明天，你能奔跑的地方只有今天。

有个青年对人生充满了疑惑，便去请教一位智者。

"请问人的一生中，最重要的是哪一天？"青年问。

"你认为呢？"智者让青年猜。

"是出生的那一天？"

"不是。"

"是死亡的那一天？"

"不是。"

"那您说是哪一天？"

"人生中最重要的一天，就是今天。"智者微笑着说。

"为什么，是不是因为我的来访？"青年疑惑不解。

"不是。不管你今天有没有来访，今天都是我，同时也是你人生中最重要的一天。出生那天不论多么值得纪念，它已经像石头一样沉入了大海；死亡那天不论多么让我们恐惧，但它还远远没有到来；而今天不论多么枯燥无味，它都掌握在我们手里，由我们支配。"

"既然今天这么重要，那我们应该怎么过呢？"青年又问。

"至于怎么过，每个人都有选择的权利。不过，"智者说，"如果我是你的话，我就不会再在这里多问为什么，而是去做我认为有意思的事情。"

"您说得很对！"青年向智者道过谢后转身离开了。

心灵人生 🔍

对于我们每个人来说，我们能够创造价值的时刻，就是今天，就在此时此刻。世上的大多数人都在为昨天做过的事情得意洋洋或懊悔不已，同时又在为明天而焦虑不安着。昨天不管发生过什么，不管是喜是悲，都已经一笔勾销了，而未来还远远没有到来，我们能切实把握的只有今天。

17 ▶ 生活不只有奋斗

与其苦心孤诣地追索成功，忍受自强自励的压抑，不如放松身心，在当

下的工作和生活中，享受每一刻。

　　有个小和尚不管做什么事情总是慌慌失失，好像有人在催他一样，很多事情都做不好。

　　有一次，厨房的一个大和尚派他去磨豆浆，交给他满满的一担黄豆，并在他出发前再三提醒他，叫他在路上绝不能把豆浆洒出来。小和尚答应后就下山去了。

　　豆浆磨好了之后，小和尚挑起担子往庙里赶。

　　一路上，小和尚念念不忘老和尚对他的叮嘱，可越想越紧张，越紧张就越小心，生怕会有什么闪失。就在他走到厨房转弯处时，忽然走出一个香主，撞得担子里的豆浆洒了将近一半。

　　大和尚看到小和尚挑回来的豆浆时，顿时大发雷霆，大骂道："你这个笨蛋，我不是说了要小心的吗，你居然还是弄洒了大半！"

　　住持听到叫骂声，走过来了解情况，先是安抚了大和尚，然后私下对小和尚说："明天你再次下山磨豆浆，回来时记得观察一下沿途的人和事，我要你细细说给我听。"

　　第二天，小和尚又下山去磨豆浆了。

　　回来的路上，小和尚依照住持的吩咐，细心观察周围的人和事。小和尚发现，这一路上的风景都很美，远处有雄伟的高山，近处有耕种的农民，身旁还不停地听到虫鸣鸟叫。小和尚就这样一边走一边欣赏沿途风景，不知不觉地回到了庙里。

　　当把豆浆交给大和尚时，小和尚发现两只桶里都装得满满的，一点都没洒出来。

　　心灵人生 🔍

　　很多时候，我们过分在乎为自己定下的前进目标，以至于小心翼翼，生怕自己不够努力而功亏一篑，久而久之，不仅会感觉生活充满压力与忧愁，还会让自己变成一个生活情趣全无的人。与其用"苦"积累成功，不如慢下身心来，去品味生活和工作中的每个细节，从中找到可以滋润人生的乐趣。

18 过好人生每一天

人之所以不珍惜眼前所拥有的，多半是潜意识里认为自己所有的会一直拥有下去。

　　从当上首领的那天起，他就没有为百姓做过一件好事，只顾着自己享乐而陷百姓于水深火热之中。终于，在一次战争中他因民心尽失而败下阵来，成为了敌军的俘虏。

敌军的首领将他软禁在大草原上，准备第二天将他处死。

当被放逐在茫茫的大草原上时，他感觉自己被整个世界抛弃了，地狱将成为他最终的归宿。他不禁想起了曾经酒池肉林的生活，想起了忠臣们对自己的进言，想起了父王对自己的教导，一时追悔莫及。

"这是我生命中的最后一天了，"他想，"我应该做些事情来弥补我的过失。"

他慢慢地走近牧民区，看见很多穷苦的牧民在烤火，他便把自己帽子上的珍珠摘下来送给他们；跟着他看守他的士兵，他觉得有些可怜，便脱下自己珍贵的外套送给了其中一个士兵；牧民走丢了一只羊，他帮忙追了回来；有个小孩摔倒了，他像父亲一样过去把小孩扶起……

虽然只有短暂的一天，但他却觉得这是他生命过得最有价值的一天。夜幕很快就降临了，他并没有想太多，而是安稳地睡去，虽然他知道天一亮自己就已经不再属于这个世界了。

第二天黎明到了，他步履轻快地步入刑场，他知道自己赎罪的时刻到了。他跪了下来，闭上了眼睛。意外的是，刽子手的刀并没有落下，他还活着。

这时，敌军首领走到他面前，递给他一碗酒。"你这一天的所作所为我都看到了，你并不该死。"敌军首领大声说道，"喝完了这碗酒你就好自为之吧！"

心灵人生 🔍

　　有价值的生命在于付出，而不在于索取。把自己的快乐建立在他人的痛苦之上，这是一种损人利己的行为，本质上也是无价值的。如果一个人不曾付出爱，那他也就不会得到爱，注定会被整个世界抛弃。如果把每一天都当成是自己生命中的最后一天来活，那他的人生一定充满了意义。

卷七

你是颜色不一样的烟火

卷七

你是颜色不一样的烟火

　　不管是不停地追逐梦想，还是努力地付出，你的最终目的其实都是要实现自己的人生价值，成为那个最好的自己。人，生而不完美，诸如有时候遭遇性格、智力甚至是生理方面的缺陷，因为这些缺陷，你或许曾经自卑和彷徨过，甚至从来都不敢正眼瞧过自己。可是，为了梦想你并没有放弃自己，一直坚持走到了今天。你终于明白了，如果一定要说有完美的人生，那么正是这些缺陷成就了完美，成就了今天独一无二的你。

01 别抛弃自己

我们之所以还能够说自己拥有鲜活的人生，是因为我们还有选择的权利。

一个性格叛逆的黑人小伙子曾两次被强制送进监狱，当他第三次被送进去时，遇见了一个被判了无期徒刑的老人。

老人问小伙子为什么会被送进来，小伙子没说具体原因，只说仇恨这个社会，也仇恨自己。"小伙子啊，我这副老骨头要在这里过下半生了，"老人叹了口气对小伙子说，"但你现在还年轻，你的人生还有很长很长的一段路要走。"小伙子只觉得老人啰嗦，并不理会他。

小伙子有一个爱好，就是很喜欢垒球，尽管他觉得全世界的人都抛弃了他，甚至自己对自己也绝望了，但他还是每天都坚持在监狱打垒球。

有一次，小伙子在打垒球的时候，旁边响起了掌声，他抬起头，看见那老人正微笑着为他鼓掌。鼓了几下掌后，老人向年轻人走过来，对他竖起大拇指说："年轻人，原来你打垒球很有天赋嘛！"

"这是我最喜欢的一项运动，甚至比我的生命还重要。"小伙子说。

"既然你这么热爱垒球，又很有天赋，为什么不选择在垒球方面发展呢？"

"没用的，这世界上没人会看得起我！"小伙子沮丧地低下头。

"你现在这个样子当然没人看得起你，"老人说，"但如果你不放弃自己，把自己变成最好的自己呢？难道还没有人看得起你吗？"

老人说的话像鞭子一样将他全身心打醒，他觉得自己确实应该让自己变得更好，因为自己还很年轻。此时，他突然觉得自己已经不是一个被关押的犯人，而是一个可以让自己变得更好的人。他意识到自己在这所监狱里还是有自由的，那就是对未来的选择：是继续做一个自暴自弃的叛逆恶棍，还是选择做一个有美好未来的垒球手？

他选择了后者。

后来，这个黑人小伙子成为了著名的垒球队球员。

心灵人生 🔍

每一个人都在为自己的事情而忙碌着，根本无暇他人。所以，在你成就一番事业之前，根本没有人会注意到你，更谈不上谁抛弃了你。其实，这个世界上没人可以抛弃你，没人可以让你绝望，除了你自己。要选择一种什么样的人生，是光明还是黑暗，完全取决于你自己。

▷ 02 别人扼杀不了你的价值

我们自身就是一座宝藏，无论是我们自己还是别的什么人，都无法否定它存在的价值。

一位著名的演说家在一次以"生命价值"为主题的演讲会上，向听众举起了手中的一张面值为 100 美元的钞票。

"这 100 美元谁想要？"演说家向在场的听众大声问道。话音刚落全场两百多名听众都举起了手。"我会把这 100 美元给你们其中一位，不过在此之前我要做一件很特别的事。"演说家说着把手中的那 100 美元揉成了一团，钞票顿时变得皱巴巴的。

"现在，你们还想要这 100 美元吗？"演说家继续问道。听众还是无一例外地举起了手。

演说家微微一笑，接着把皱巴巴的 100 美元扔到地上，并用脚去踩。听众对演说家的这个举动都十分意外，纷纷叫出了声来。这时，那 100 美元已经变得脏兮兮的了。

"现在，你们还想要这 100 美元吗？"演说家又如此问道。这时，举起手的人大概只有一半。

"很好，看来你们确实十分想要这 100 美元嘛！"演说家笑着说，"但是，如果我再对这 100 美元做这样的事呢？"演说家说着把那 100 美元丢到了垃圾桶，垃圾桶里有不少纸屑和快要腐烂的果皮。

这时举起手来的人已经寥寥无几，但依然还有。

"各位，这就是今天我要给你们讲的课。"演说家总结道，"不管我怎样对待这 100 美元，你们都想得到它，这证明它的价值并没有因为我所做的这些动作而贬值。实际上，这 100 美元所遭受的种种'折磨'，正如我们在社会中遭受的一样。我们曾被否定、诘责、蹂躏甚至最后抛弃，但我们的价值并未因此而失去！各位请记住，我们的价值取决于我们生命的本身！"

演说家说完，台下响起了一阵热烈的掌声。

心灵人生 🔍

人生的道路从来都是泥泞不平的，没人能够一直走在坦途上。这一路我们会跌倒，会被他人嘲笑，甚至会被踩在脚下。无论我们过去遭遇了多少苦难，也无论我们现在是否伤痕累累，只要我们心中依然怀着目标与理想，那么我们的人生就是充满价值的。

03 ▶ 你是独一无二的

如果你觉得自己的外表上看起来还不够美，那是因为你的内心缺乏自信。

索菲亚·罗兰是二战后最成功的国际女演员。

1934 年，索菲亚出生于罗马的一个穷苦家庭，她的童年是在贫民窟度过的。六岁时，战争的炮火席卷了她的家乡，她终日与战火、恐惧、饥饿为伴。

索菲亚十四岁之前都活在自卑中。因为营养不良，身形瘦小，被同伴们嘲笑为"牙签菲亚"；她是私生女，母亲是个洗衣工，人们更加歧视她。然而，苦难并没有阻止她发育成一个身材高挑而动人的少女。

母亲觉得自己的女儿能成为电影明星，便立即帮她虚报了年龄，让她去参加了选美比赛。这次比赛让她获得了"海洋公主"的美称，母亲因此更加得意，带着她来罗马寻求更好的发展机会。

其实，索菲亚并不认为自己会成为明星，因为她的相貌和人们心目中的演员相差太远了——作为一个女孩子，她体型过于高大；她的五官不够好看，甚至有人嫌弃她嘴巴太大，眼睛太小。

1905 年，索菲亚偶然参加了"罗马小姐"的评选，竟获得了第二名，引起了著名的制片商卡洛·庞蒂的注意。在卡洛的帮助下，索菲亚开始参演了一些影片，但来来去去都是一些小角色。

索菲亚为什么不能演主角呢？人们都说是她的长相问题，就连卡洛也建议她去整容，说最好在五官或臀部动动刀子，这样在娱乐圈或许才有继续生存下去的可能。对于这样的说法，索菲亚完全不放在心上，她说："我跟别人本来就不同，我是独一无二的！"

事实证明索菲亚的坚持是对的。

几年后，她凭借自己独特的魅力和出色的表演，成为了一颗耀眼的明星。这时，卡洛对她赞叹道："索菲亚充满活力，具有在学校无法得到的韵律感。她不是明星，她是艺术家。"

心灵人生 🔍

人们对美的感受存在个体差异性，不同的人对美有不同的理解。其实，美与不美不应只看外表，还应看内在。有的人外表虽普通，但他却可以有气质，而气质便是一种心灵美。其实，真正的美是由内到外的，所谓腹有诗书气自华，一个内心充满自信的人看起来会很美。

04 ▶ 没有小草不是花

没有人注定一生平凡，只要你坚信这一点，在芸芸众生中，你也会脱颖而出。

在一所简陋的山村小学里，任教几十年的老校长激动地告诉学生们一个好消息：你们都具备去参加全县小学生作文大赛的资格。

听到这个消息后，孩子们都非常开心，但开心的同时也有所担心，因为他们觉得城里的学生肯定更厉害，因为他们的生活和学习条件好，视野开阔。"我们这一群土里土气的人怎能跟城里的学生比呢？"这种想法在孩子中间流传了开来，并很快传到了老校长耳里。

老校长看着孩子们，笑着问道："同学们，你们在田野里能找到不开花的草吗？"

听到老校长这样问，孩子们的脑海就立刻翻滚起来：黄色的草是蒲公英，它的花是白茸茸的；狗尾巴草也开花，它的花也是黄茸茸的；牵牛花像喇叭一样……他们实在想不出哪一种草是不开花的。

这时，校长认真地对孩子们说："这世界上所有的草都是花。同学们，如果你们是山沟里的草，那么城里的学生们就是公园里的草。公园里的草开花，山沟里的草同样也可以开花。大自然中没有一种草不是花！"

老校长的话给了孩子们很大的启发，他们豁然开朗起来。

孩子们在作文比赛中全力以赴，取得了非常不错的成绩，其中有几个还超越了县城的所有学生而名列前茅。

心灵人生 🔍

在自然界中确实找不到哪一种草是不开花的，因为只有开了花它们才有种子繁衍。在造物者的眼里，所有草都是花，所有花也是草，万物皆平等。平凡不代表不平等，平等，便意味着别人可以做的事情，你也可以做。只要你充满自信，努力耕耘，你的人生就是一朵美丽的花。

05 自信面前无权威

很多人之所以喜欢盲目随从，是因为他们认为这样做足够安全，殊不知这样反而容易出问题。

著名的音乐指挥家小泽征尔曾多次收到一些歌剧院的演出邀请，其中包括意大利著名的米兰斯拉歌剧院以及美国的大都会歌剧院。每次登台，他都有出色的指挥表演。

有一次，他去欧洲参加一场音乐指挥家比赛，决赛的时候他被安排最后一个上场。

收到评委交给他的乐谱后，他便集中精神做演练。突然，他示意乐队停下来重新再演奏一遍，因为他发现乐谱中出现了不搭调的音符，他起初以为是乐队演奏错了，但在乐队重新演奏后，还是有不和谐的音调。最后，他确定是乐谱有问题。

然而，在场的所有权威人士，包括作曲家以及评委都郑重地表示：此乐谱绝没有任何问题。

在这些权威人士面前，小泽征尔也对自己的判断产生了怀疑。但他经过再三推敲，思考了一会儿，最终还是坚定自己的判断：此乐谱是真的有问题。他面向这些音乐界的权威人士严肃而认真地大声说道："不，一定是乐谱出错了！"

他话音刚落，对面的几百名评委都站起来热烈地为他鼓掌。

原来，这是评委们故意弄错乐谱，为试探指挥家素质而设计的一个圈套，在小泽征尔之前的那些指挥家都因此被淘汰了。

"真正的指挥家不仅能发现错误，还敢于在权威人士面前坚信自己的判断，只有拥有了这种品质才能称得上世界一流的音乐家。"评委们最后如此说道。

心灵人生 🔍

权威人士是指那些在某一领域拥有领先研究成果，并在该领域拥有解释权的人。权威人士的观点是值得参考的，但他们的观点并非总是正确。权威的形成本来就是一个不断批判、不断否定的过程，与其盲目地相信权威，还不如在客观研究和探索的基础上相信自己。

06 是金子才会发光

人贵有自知之明，有很多人以为自己足斤够两，直到上了秤才发现自己并非鸿雁，只不过是只小麻雀。

有个年轻人认为自己怀才不遇，心里感到很委屈，很郁闷。为了知道自己的人生路该怎么走，年轻人决定向一位智者袒露心迹，请求指点迷津。

"您能不能告诉我，命运为何对我如此不公平？"年轻人把自己的苦恼都向智者说了。

智者认真地听年轻人讲完，只是微笑着，并没有马上回答他，他捡起地上的一块小石头，丢向不远处的一堆乱石当中，然后转身对小伙子说："你去把我刚才扔到石堆当中的小石头找回来吧。"

"这不可能！"年轻人说，"您刚才丢的那块石头很普通，丢到一堆乱石中，我怎么能找得到呢？即使找到了我也不知是不是您丢的那块石头啊！"

"哦，是吗？看来你说得有道理。"智者说罢从手上取下一枚闪亮的戒指，在年轻人眼前晃了晃，随即扔到乱石堆中，"你去找找，看能不能把戒指找回来？"

年轻人这次没有迟疑，因为他知道那是一枚什么样的戒指，戒指闪闪发亮，有别于任何一块石头，所以很快就把戒指找回来了。

"你能告诉我这次你为什么能帮我把戒指找回来吗？"智者问。

"我明白了，"年轻人想了想，领悟到了智者这样做的目的，"我之所以没有被赏识，是因为我还不是戒指，而只是乱石堆中的一块毫不起眼的石头。"

心灵人生 🔍

俗话说，是金子总会发光的，因为无人能够掩盖它的光芒。世有千里马，然后有伯乐，若世上无千里马，即使伯乐眼光再好也只能望洋兴叹。

所以，要想被他人赏识，自己先要成为金子或千里马。自己有多少斤两自己要搞清楚，只有先不自欺，然后才能不欺人，最后才能不被人欺。

07 看清自己的优势

能够看清自己的能力，并选择适合的途径达成理想的人，才是智者。

他非常热爱文字工作，在读书期间发表了不少文章，一直希望能成为一名新闻记者。然而，即使是一名普通报社的新闻记者，学历也要本科以上，他连报社的门槛都进不去，因为他的学历只有大专。

"这就是我未来所要从事的工作，我一定要当记者！"在遭遇了多次拒绝后，他仍然如此坚定地对自己说。为了达成这个目的，他以不要薪水为条件，进了一家报社做校对。

在做校对的过程中，他利用报社的环境和氛围自学了更多与新闻记者有关的知识。并努力尝试着去发现和挖掘新闻，做一些采访，然后将稿子整理好交给报社的记者同事。

渐渐地，他的名字常常见诸报端。

不久，有一家报社负责人注意到了他，并向他发出邀请："你可以到我们报社当新闻记者吗？"他并没有立刻给该负责人答复，而是先跟自己报社的总编说明了这个情况，表示自己愿意继续留在本报社服务，但想调到新闻部。

总编很开心地告诉他："其实我们早已经有意将你调到新闻部了，只是还没来得及通知你，你的工作表现十分优秀。"

他终于如愿以偿地成为一名新闻记者。

心灵人生 🔍

人对自己的认识和评价经常是有偏差的，并且常常是高估了自己。要认识自己并不容易，往往不是自大就是自卑，很难达到客观。人最大的敌人是自己，如果你有理想，但目前的能力还不足以实现，你就要提醒自己放低身位，让自己从最低做起。

08 ▷ 缺陷也是一种美

任何一个伟大的人都敢于正视自己，若有缺点则去之，毫不手软，毫不妥协。

富兰克林·罗斯福是美国第 32 任总统，他推行的新政为解决当时的经济大萧条做出了不可磨灭的贡献，被认为是美国历史上最伟大的三位总统之一。

据说，罗斯福小时候不仅胆小怯弱，体质也不好，呼吸声很重，上学时每次被老师叫起来回答问题都会吓得双腿发抖，总是回答得含糊不清，让人难以听懂。此外，他长得也不讨好，有严重的龅牙，每一张口，一整副牙齿都暴露出来，常常被人嘲笑。

然而，他并没有因为自己的缺陷而沮丧，反而将这些缺陷看做是上帝的恩赐，并努力地将自己的这些缺陷变得完美。

他不断尝试咬紧牙齿，使自己的嘴唇不颤抖，不断地尝试回答老师的问题，克服自己的恐惧心理。他也常常演讲，用优美的动作转移别人注意他暴牙的视线。尽管他没有很洪亮的声音与很庄严的姿态，但他淡定而从容的神情，以及诚恳的演讲仍打动了许多人。

就这样，他一次又一次地与自己的缺陷抗争，最后把缺陷变成了自己的一种特色，让许多与他接触过的人都记住了他。

心灵人生 🔍

伟人的相通之处，就是用自己的努力与勇气，把缺点变成了自己的优点。其实，人们口中常说的优点与缺点并非是绝对的，一旦参考条件改变，那么优点也可以变成缺点，反之亦然。要让别人接受你，你得先接受自己，接受自己的缺点乃至优点。完善自己便是一个减少缺点增加优点的过程。

09 选择自己喜欢的活法

人的生命并不长久，如果你有自己的理想你就大胆地去追求，人生经不起太多的犹豫。

李大是加拿大留学归来的会计专业的毕业生，由于他专业知识扎实，又有留学经历，许多大公司都抢着要他入职，并且待遇都非常丰厚。但是李大的选择却让人意外——应聘一个任何国内普通大学生都能够拿下的职位——市场推广员。

市场推广员的工作是一般大学生都觉得辛苦的职位，很多年轻人进去没干多久就走了，但李大却坚持了下来。他每天准时上班下班，不怕辛苦不怕累，让许多同事都惊讶不已，觉得这个年轻人果然与众不同。

有人问他："以你的专业以及海外经历，在国内足以找到一份很好的会计师职位，为何要来这里当市场推广员呢？"

李大笑笑说："我根本就不喜欢会计这份工作，我为什么要去做会计师呢？"

"你不喜欢会计，那为什么要去国外攻读会计专业呢？"同事更惊讶了。

"当会计师是我父母所喜欢的职业，但并不是我想要的，当初去国外攻读会计专业也是父母的意思，我对这个专业以及当会计师一点都不

| CHAPTER
SEVEN

感兴趣。"李大坦诚地说,"我反而觉得做市场这种不需要条条框框限制的职业非常适合我,而我也天生喜欢交各种朋友,业务这个行业我相当感兴趣。"

"那你的父母不反对吗?"

李大大笑道:"一开始他们当然反对了,不过后来经过我的努力,他们也意识到有些事是不能勉强的。我需要做我自己,我必须要遵从我自己的意愿。现在看到我每天都精力充沛地出门,高高兴兴地回家,他们也接受了,并且还给了我许多职场谈判方面的技巧呢!"

心灵人生 🔍

什么样的生活才是幸福的生活?对于这个问题,不同人有不同的理解。然而,社会上的主流看法无非是事业有成,有相当的财富。其实,幸福是一种主观性很强的感受,是否幸福只有自己才知道。以这个做为立脚点,人其实都应该有选择自己生活方式的权利。

10 ▶ 打好命定这张牌

人无法选择出生,但可以选择未来,如何走自己的路,掌控权一直在你自己手中。

艾森豪威尔是美国第 34 任总统,1944 年指挥了著名的诺曼底战役,为战胜纳粹德国贡献了巨大力量。

1890年，艾森豪威尔出生在美国一个贫苦家庭。他的父亲，性情优柔寡断，事业上毫无成就，他的母亲，性格与父亲截然相反，精明能干，对七个儿子管教很严，经常鼓励他们在艰苦环境中发奋图强。

小时候的艾森豪威尔顽皮好斗，衣着邋遢，很喜欢玩纸牌游戏。

有一次，艾森豪威尔和家人一起玩纸牌，几局下来都抓了他认为糟糕透顶的牌，于是就大发脾气，埋怨起发牌的人，或者埋怨自己运气不好。母亲见他脾气这么大，无理取闹，便让大家停下来，严肃地对他说："如果你确定要玩这个游戏，那么你就必须要用你手中的牌认真玩下去，无论手中的牌有多烂！"

母亲的严肃他是知道的，平时要是母亲骂他，他多少还是会顶撞一两句，但这次却愣住了。母亲接着说："一个人的人生也是如此，发牌的人是上帝，玩牌的人是你，不管你拿到的牌是好是坏，你必须要尽你所能，去把这副牌打到最好！"

他将母亲的这一番话一直记在心上，为他后来的军事和政治生涯提供了源源不断的动力。

心灵人生 🔍

如果命运是指上帝给每个人安排好的人生道路的话，那命运是不存在的。所谓命运，不过是我们无法凭借自身努力去改变的一些东西，例如出生、智力、相貌等，此外别无命运。尽管很多东西我们无法改变，但我们依然有自由选择的权利，依然可以选择努力去面对生活，直至改变命运。

11 ▶ 你不需要飞得那么高

你无法飞得最高，也没必要飞得最高，在到达某个高度时你应告诉自己，这个高度足够了。

有只小麻雀从小就梦想着高飞，于是便天天练习飞翔的本领。终于有一天，它梦想成真。

当其他麻雀看到这只小麻雀能像雄鹰一样在无边无际的蓝天下自由自在地翱翔时，都十分羡慕，纷纷向它请教飞得那么高的好处。小麻雀得意地说："我就是想用事实去证明，只要敢于追求自己的梦想，麻雀也是可以把雄鹰甩得远远的！"

听小麻雀这么说，大家就更敬佩它了，而小麻雀也更加觉得自己了不起，每次都想飞得更高，尝试突破自己的极限。

在一次高飞时，小麻雀发现头顶上飞来了一只雄鹰，雄鹰的目的十分明确，就是要抓住小麻雀当午餐。

小麻雀吓坏了，它记得老麻雀曾经给过自己忠告，如果一旦碰见雄鹰，要么立刻躲进屋檐，要么马上钻进草丛里，这样雄鹰就抓不到了。然而，此时的小麻雀离屋檐和草丛都实在是太远了。"哼，老麻雀的话未必正确，况且我的飞翔技术今非夕比，只要我奋力飞翔，这只老鹰未必能抓得住我！"小麻雀决定跟雄鹰比拼一下谁飞得更快，既没躲闪老鹰的追捕，更没迂回飞翔，而是朝着同一个方向直直飞去。

然而，小麻雀还没飞几下，就被雄鹰抓住了。

心灵人生

> 每个人都有梦想，也都在努力为梦想拼搏着。然而，最后实现梦想的并非总是那些能力最强大的人，而是那些正确了解自己并找到适合自己飞翔高度的人。每个人的能力都是有限的，有些人以为自己无所不能，刚开始时确实获得了不错的成绩，但最后却因为自大而落得一败涂地，一无所有。

12 找到最适合你的平台

把自己这块金子放到正确的地方去，让那些曾经不懂欣赏你的人扼腕长叹去吧。

一个年轻人为自己的遭遇感到沮丧，于是就问智者："老师，我觉得自己真的很没用，这里没有人看好我，我应该怎么做？"

"在回答你这个问题之前，我要你帮我做一件事情。"智者说着将一枚戒指交到年轻人手中，嘱咐道，"你拿这个到集市去卖，卖的钱越多越好，但不管怎样都不能少于1枚金币的价值。"

年轻人来到了集市上，拿出戒指尝试卖给过往的行人。有人问他戒指打算卖多少钱，年轻人说不能少于 1 枚金币。"你傻了吧，这种低档货，我 1 个金币能买一大堆了！"几乎每个行人都是如此嘲笑他。

年轻人没办法把戒指以高于 1 枚金币的价值卖出去，只好沮丧地回来。

智者笑着说："没关系，你再去一趟珠宝店，跟珠宝店老板说你要把戒指卖掉，但是无论他说出多少钱，你都不要真的卖，问完价格后你将戒指带回来给我。"

年轻人于是来到了珠宝店，珠宝店老板很仔细地看了看戒指告诉他说："年轻人，如果你想卖这枚戒指，我可以出 58 个金币。"年轻人不肯，珠宝商继续说："那 70 个呢？"见年轻人无动于衷，珠宝商再次提价，80 个、100 个……

年轻人兴奋极了，跑到智者跟前，告诉他所发生的一切。

智者将戒指戴回手上，笑着对年轻人说："你就像这枚戒指，有的人不认可你，有的人却看重你。而你，怎么能期待随便找一个人就能肯定你并发现你独一无二的价值呢？"

心灵人生 🔍

如果你真的是块金子，那你到了哪里都能发光。如果你曾经被人看低，那悲伤的不应该是你，而是他们，因为他们没有资格当伯乐。天生我才必有用，每个人都有自己独特的价值，如果你还没有发现自己的价值，请努力寻找；如果你还没能发挥自己的价值，请看清是否找对了自己的平台。

13 ▶ 唤醒内心的自我

每个人都是或者曾经是一头狮子，只是现在沉睡了过去，只等有朝一日被唤醒。

一只小狮子因为躲避猎人的追捕，不幸与父母失散，最终迷失在草原上。

小狮子在茫茫的大草原上孤独地跋涉，想回到自己父母身边，但因为它既不会追踪又不会捕食，最终饿倒在地。

等小狮子醒来时，它发现自己身边站着一只狐狸，原来是狐狸救活了它。小狮子无处可去，又无法靠自己的能力生存下去，就只能跟着狐狸生活了。狐狸之所以要救小狮子，是想利用小狮子与生俱来的威慑力来保证自己的安全。

一开始，狐狸捉了猎物都会分给小狮子吃，等小狮子长大了一些之后，狐狸便开始教小狮子如何捕捉猎物。渐渐地，小狮子和狐狸形成了搭档关系，小狮子似乎渐渐忘了自己原本是一头狮子，以为自己是胆小怕事的狐狸。

有一天，在对面的小山上出现了一头体格雄壮的狮子，它摇着大大的尾巴，发出惊天动地的吼声。

狐狸听了这声音吓得直发抖，连忙示意小狮子和它一起逃命。然而，小狮子却觉得这吼声充满了力量，让它像着了魔似的兴奋起来，一种被隐藏已久的本性慢慢被唤醒。

小狮子身体颤抖着，它看了一眼狐狸，然后头也不回地向雄狮的方向飞奔而去。

心灵人生 🔍

有很多人曾经都有过理想，那是在他们年少时，只是后来因为现实越来越残酷，就不得不将理想暂时埋藏在心底。理想不是一个擦肩而过的路人，而是一个陪伴我们一生的知心朋友。人不能没有理想，因为人需要一个奋斗的目标。如果你的理想沉睡了，一定要找个机会把它唤醒。

14 求人不如求己

所谓自助者天助，这个世上能一辈子被你依赖的人只有你自己。

天正下着大雨，有位年轻人没带伞，站在屋檐下躲雨。

这场雨看来一时半会儿都停不了，正当年轻人不知如何是好时，观音撑着伞从他身边经过。年轻人很高兴，觉得观音乃普度终生的菩萨，肯定会送他一程的。于是年轻人便问观音："观音菩萨，普度一下众生吧，度我一程如何？"

观音说:"年轻人,我在雨中,你在屋檐下,屋檐下没雨,你怎么会需要我度呢?"年轻人听观音这么一说,立即走出屋檐,跟观音一样站在雨中:"你看我现在也是在雨里了,你可以度我了吗?"

观音说:"你在雨中,我也是在雨中,我不被雨淋,是因为我有伞;而你被淋,是因为你没伞。所以并不是我度我自己,而是这把伞度我。你若想度,不用找我,请找伞!"说完便走了。

不久之后,年轻人路过一个寺庙,惊讶地发现有个人跪在观音像前,那个人长得和观音完全一样,没有丝毫差异。

年轻人好奇地走进寺庙,上前问道:"你是观音吗?"

那人回答:"我就是观音。"

年轻人又问:"那你干嘛还拜自己?"

观音笑道:"因为我也遇到了难题,但我明白,求人不如求己。"

心灵人生 🔍

每个个体从本质上来讲都是孤独的,因为生活的酸甜苦辣常常要一个人去品尝。在遭遇困难时,如果有人愿意助你一臂之力,那自然是幸运的。然而你一定要明白,别人帮得了你一时,却帮不了你一世。未来路上还有很多艰难困苦,即使你并不孤独,你也要做好独自面对的准备。

15 让自己阳光一些

不管你多有本事，一旦你在人前表现得不自信，那就意味着你已经承认自己是个失败者了。

　　一位大学教授接到企业家朋友的电话，请他推荐一位学生到公司担任职务。教授想到了自己的一个得意门生，便给朋友推荐了过去。

　　学生第二天到公司面试，竟然没有通过，教授便问朋友原因。朋友说："你那学生看上去人不错，简历也十分好看，但我觉得他过于忧郁，所以你还是给我推荐别的学生吧。"

　　"你再给他一次机会吧，"教授说，"据我对他的了解，他绝对是你们公司这个职位的最佳人选。"

　　朋友见教授对这个学生这么有信心，就答应了。

　　其实，当知道学生面试没有通过，教授就猜到原因了——这学生平时说话小声细气的，总给人一种不自信，甚至是阴郁的感觉。

　　教授找来这个学生，嘱咐他第二次面试一定要把话说得大声点，表现出绝对的自信。

　　第二次面试过后，朋友给教授打来电话说："你推荐的学生很合适，是个挺开朗的人，幸好没有错过他。"

　　"我的学生都很优秀，"教授说，"实际上，能考上大学的人都不差，至少智力上完全没有问题，就是缺乏自信而已。"

心灵人生 🔍

性格内向的人更喜欢把关注的焦点放在自己身上，他们很在意周围的环境是否会对自己造成生理或心理上的威胁，从而会表现得十分害羞。虽然人都有性格上的差异，但智力上的差异其实并不大。人们都喜欢积极乐观的人，所以，如果你想获得他人的好感，就尽量让自己变得阳光起来吧。

16 遇事莫做墙头草

那些盲目相信他人的人，与那些盲目相信自己的人一样愚蠢。

有个农民带了一些鸡蛋到市场上去卖，他在纸板上写了"新鲜鸡蛋在此销售"几个字，然后立在一旁等待人们上前购买。

不多时，有个妇女走上前来问："这些都是新鲜鸡蛋吗？"

农民说："都是自家母鸡下的，肯定新鲜！"

"我看不见得吧，自卖自夸的从来都不会是好东西！"妇女说完就走了。

为了不引起误会，农民便把"新鲜"二字涂掉了。

过了一会儿，有个中年男子走过来说："老伯，你牌子上面的'在此'二字我建议你去掉，你想想啊，你不在这里卖还能去哪里卖？"

农民想想挺有道理，于是就把"在此"二字涂掉了。

又过了一会儿，有个老太太走过来说："我买菜都买了一辈子了，没见过有人在纸板上写'销售'二字的！你这些鸡蛋不是卖的，难道会是送的吗？"

农民觉得很有道理，于是就把"销售"二字涂掉了。

不久，有个年轻人走来笑着对农民说："你干嘛要写上'鸡蛋'二字啊，大家一看就知道是鸡蛋了！"

农民想想很有道理，于是干脆把纸板扔了。

快要收摊的时候，旁边有个菜农走来问他："你怎么没像我们一样用纸标上鸡蛋的价格呢，这样就省得人们问了嘛！"

心灵人生 🔍

即使再聪明的人也不能事事万无一失，听听他人的意见是非常有必要的。然而，他人的意见并非都是对的，这时就需要有主见。所谓主见，就是心里的一杆秤，事物的对与错都要用这杆秤来称一下。做人要有主见，即使有时候坚持了错误的东西也应值得高兴，因为坚持本身也是种智慧。

17 让别人说去吧

每个人都是自由自在的生命体，如果被他人无谓的言论束缚住手脚，那

真是件悲哀的事情。

一个炎热的夏日，一对父子牵着一头毛驴走在集市的街道上。

有个路人见到这对父子，忍不住侧目道："这对父子真是傻到家了，放着好好的驴子不骑，却要在烈日下走路。"

父亲听到后便叫儿子骑到驴背上。

走了一会儿，街上的人们用手指指点点地说："这儿子真是不孝啊，太阳这么毒怎么忍心让父亲走路，自己却骑着驴子上呢！"

儿子听了便从驴背上下来，让父亲骑了上去。

这样走了一小段路，又有人在背后说闲话了："一个大男人也要骑在驴子上，却让小孩走在烈日下，真是太不像话了！"

父亲听后便叫儿子也骑上来，继续往前走。

没走多久，有个妇女远远地指着父子俩说："这两个人真没爱心，一头小毛驴怎能承受得住两个人的重量呢！"

为了不让大家指责，父子俩只好从驴背上下来，一起抬着驴子走。

> 心灵人生 🔍

　　人无完人，当我们处心积虑地要指责一个人的时候，总能找到其痛点。做人最重要的美德，就是不要去打扰他人的生活，不管其生活是幸福还是不幸。一个真正有智慧的人从来都不会在意他人看自己的目光，更不会去理会那些蜚短流长，他始终能坚持走自己的路，做自己的事。

18 ▷ 你并非一无是处

即使一个人真的一无是处，他也一定有哪怕一个优点是他人拍马也追不上的。

　　有个年轻人觉得自己一无是处，自卑得抬不起头来，就连找工作也要父亲出马，希望父亲的企业家朋友能帮他找一份工作。

　　"你学的是什么专业？"企业家问他。

　　"经济学。"年轻人小声地答道。

　　"那你觉得自己学得还可以吗？"企业家又问。

　　年轻人羞涩地摇摇头。

　　"那你的会计、财务学得怎样？"

　　年轻人还是摇摇头。

　　"你总该有自己的特长吧？"

年轻人窘迫地低下头，用几乎听不见的声音说："我长这么大没发现自己有什么特长。"

"你这样我无法安排好一点的工作给你，除非你愿意整天坐在流水线旁。"

"像我这种人能有份工作就不错了。"年轻人叹了口气。

"好吧，既然这样，那你先填一张表吧。"企业家说着递给年轻人一张表格。年轻人很快把表格填完后交给企业家。

"咦，年轻人，你的字写得很不错嘛！"企业家看了表格高兴地说，"这就是你的优点啊！"

"你能这么夸我，我很高兴。"年轻人终于有了点自信。

"人们说字如其人，你字写得这么好，不应该只满足于一份糊口的工作吧？"

"那我能做什么？"年轻人问。

"字写得好证明你认真，心思细密，"企业家说，"你或许可以写点东西，当个作家。"

企业家说中了，年轻人确实非常喜欢写作。

后来，经过多年的努力，年轻人果真成了一名作家。

心灵人生 🔍

世界上既无完美之人，也无一无是处之人，每个人都是优点和缺点的结合体，自卑和自大都是对自己的错误认识。每个人都是上帝根据"人

人平等"的原则创造出来的，他从不会让你一无是处。一个人之所以自卑，

是因为主观性地把自己的缺点无限放大了，以至看不到自己的优点。

▶ 最牢固的依靠是自己

19

这是一条孤独的人生之路，当你跌倒时旁人或许可以拉你一把，但最终
还是要靠你自己站起来、走下去。

宗杲是宋朝的得道高僧，他门下有一个弟子，法号道谦。道谦跟随
宗杲参禅多年，但仍未开悟，既不自知也不知人。

一天晚上，道谦恳求宗杲道："师父，弟子参禅多年仍无所得，就
连自己为何物也迷茫不知，恳请师父指点迷津。"

宗杲道："你已参禅多年，为师自知无能再对你多加指点，这正如
世上有三件事是为师无能为力一样。"

"哪三件？"道谦问。

"当你肚饿口渴时，为师的饮食无法解你饥渴；当你欲往他处时，
为师的步伐无法使你前往；当你悲哀愁苦时，为师的喜悦亦无法使你
高兴。"

"弟子明白了。"道谦细想半晌点头道，"弟子的心在弟子身上，要
使它开悟必然由弟子亲力亲为。"

心灵人生 🔍

　　自己是一个什么样的人，不要奢望他人告诉你。所谓"如鱼在水，

冷暖自知"，从本质上来讲，每个人都是孤独的，自己需要什么只有自己

知道。如果说帮助他人或从他人身上得到帮助是一种本领，那么依靠自己

则是一种难得的智慧。

20 换个角度待缺点

　　追求完美的人往往无法容忍一张白纸上的黑点，却不知道正是黑点成

全了白纸。

　　从前，有个富人斥巨资买下了一颗稀世宝石，为了炫耀，他经常请

朋友来家里观赏宝石。

　　有一次，一个朋友把宝石捧在手心上欣赏时，忽然发现宝石上有一

条明显的裂纹。富人又惊又怒，尽管朋友一再为自己辩解，但富人还是

一口咬定是这位朋友不小心弄坏了宝石，发了疯似的要让朋友赔钱。

　　在场的每个人都很清楚，那位朋友不过是把宝石捧在手心上，不可

能将其弄坏的。

　　就在富人嚷嚷着要朋友赔钱时，人群中站出来了一位老人："宝石

裂成什么样儿，能让我看看吗？"

富人捧着宝石小心翼翼地交给老人。老人细细察看后说："我能修复它，甚至能使它变得比以前更好。"

"有裂纹的宝石不可能修复，你一个老头子不要信口胡说！"富人说。

"我向你保证，我一周后就能交出一颗修复完好的宝石，"老人说，"但也请你保证，不要追究这位朋友，可以吗？"

富人斩钉截铁地说："只要你能修复我的宝石，莫说不追究，就算把我的一半财富分给你都行！"

一周后，老人手捧宝石出现了。

让大家都难以置信的是，老人把弯曲的裂纹作为茎干，在宝石里雕刻了一朵盛开的玫瑰花，看上去真是精致、璀璨极了。

富人十分高兴，便依诺言准备把自己的一半财富送给老人，但被老人拒绝了。"我其实并没有做什么，我只不过把一件有裂痕的东西改造成了艺术品，"老人说，"如果你的财富硬要给我一半，倒不如分给那些贫穷的老百姓。"

心灵人生 🔍

每个人都有缺点，所谓人无完人，即使是一颗精美的宝石也难免有瑕疵。然而，缺点和优点并非是绝对的，如果看的角度不同，缺点也有可能变成优点。退一步说，即使一个人真的一无是处，他也依然可以通过努力来改变自己，只要方法得当就能化腐朽为神奇。

21 痛苦的人生才有价值

人的荣耀来源于一刀一锉的雕琢之痛，只有承受得住这种痛苦，才能实现自我价值。

有个雕刻家得到了一块上等的石料，打算雕刻出一件惊世骇俗的作品。可是，当雕刻家拿起凿子刚凿了没几下，石头就喊起痛来。

"你虽然是块好材料，但如果不加以细细雕琢，将永远是一块不起眼的石头而已。所以，你还是忍一忍吧。"雕刻家劝慰石头说。

"你说得倒轻松，因为凿子敲的不是你自己！"石头哀嚎不已，"求你放过我吧，我真的快要痛死了！"

雕刻家实在忍受不了这块石头的叫喊，只好停止了工作，无奈地找了另外一块质地粗糙的石头来雕琢。

"雕刻家，能被您选中是我的荣幸，您一定要将我雕刻成一件精美的作品，不管有多痛我都不怕！"这块粗糙的石头说。

听这块石头这么说，雕刻家很感动，他决定将平生所学的技艺都倾注在这块石头上，发誓要雕刻出一件让万人景仰的作品。

于是，雕刻家全神贯注、一丝不苟地对这块石头进行雕琢，"叮叮当当"的响声不息片刻。

几天后，一件让人肃然起立的作品便完成了，那是一尊庄严肃穆、气魄宏大的佛像。当佛像赫立在人们面前时，大家都惊叹不已，后来它被送到了寺庙里，供信众朝拜。

至于那块怕痛的石头，雕刻家嫌它碍地方，把它拿去填坑筑路了。

心灵人生 🔍

要把一件事情做好不容易，但要做得糟糕那真是易如反掌，这是人人都懂得的朴素真理。实现自己的价值正是一件需要我们把它做好的事情，所以并非每个人都能做到。不要说有所成必须得经历痛苦，就是单纯地活着也不容易。所以，要让自己的生命有价值，就必须忍受一些非常的痛苦。

22 ▶ 给自己一颗勇敢的心

在困难面前，你想成为什么样的自己，取决于你做了什么样的准备。

很久很久以前，有兄弟四人一起乘船飘洋过海，他们要去寻找传说中的宝藏。

茫茫大海上，目之所及除了海水就是天空。忽然，海面上刮起了一阵狂风，天上乌云翻滚，不多时便电闪雷鸣，暴雨如注。

老大被这暴风雨吓得灵魂都出了窍，哭着说："我们还是掉头回去吧，继续前进的话必死无疑！"

老二也吓得面如土色，战战兢兢地应和着："是啊，我们应该改变方向！"

老三吓得蜷缩着身子，躲在船舱里一动不动，说打死也不出来。

虽然知道此行凶多吉少，但老四依然紧握船舵，坚定不移地向前驶去……

忽然，一个巨浪扑来，兄弟四人的小船被劈成了碎片，他们一同葬身于海底。

兄弟四人来到了阎罗殿，阎罗王对他们说："你们兄弟四人都是死于海底的，所以你们必须各自投胎成为一种海洋生物。"

兄弟四人对此并无异议。

"你害怕风浪，总喜欢后退，"阎罗王指着老大说，"那我就让你投胎成为一尾虾，以后都向后游。"

"你也害怕风浪，总是想改变方向，"阎罗王指着老二说，"那我就让你投胎成为一只螃蟹，以后都横着走。"

"你胆子更小，躲躲闪闪的，"阎罗王指着老三说，"让你投胎为一只乌龟再合适不过。"

"四个人中要数你最勇敢，"阎罗王最后指着老四说，"所以我让你投胎成为一条大鱼，始终迎着风浪前进。"

心灵人生 🔍

人生如海上行船，难免要遇上风浪。不管风浪是大是小，一味害怕都始终解决不了任何问题。所谓勇气说到底是一种坦然，在那种即使再努力挣扎也无济于事的情况下，如果能坦然面对，那就是一种真正的勇气。

有了这种勇气，不管你遇到什么困难，你都能成就一个更好的自己。

23 ▶ 何妨做个有缺点的人

世界上本来没有完美之人，如果有，那他一定是个极度危险的人。

有位老禅师知道自己已时日不多，他要尽早选出人来继承自己的衣钵。

老禅师座下有百余名弟子，他思来想去，认为其中两名弟子是最合适的人选，因为他们都非常有悟性。这两名弟子中，一个叫净真，其修行认真，没有任何不良嗜好，从进入佛门那天起就未犯过戒；另一个叫本圆，悟性极高，自诩已看破红尘，虽然不吃荤腥，但却经常酒不离身，常常以醉态现于人前。

当知道师父要从净真、本圆中选出衣钵传人时，众弟子心中都暗自猜想，师父要选的人一定是几近完美的净真。

但是，一天夜里，老禅师却派人秘密地把本圆叫到榻前，把禅宗秘籍传给了他。

这一消息不胫而走，众弟子知道后都纳闷不已，也有人气愤不已，一时间非难声一片。最生气的当然是净真，他原以为自己是衣钵的准继承人。"那老和尚竟把衣钵传给了这么一个贪杯之徒，"净真在内心咒骂着，"我们都跟错师父了，他真是瞎了眼，看不见我们的优良品性！"

老禅师料到弟子们会有意见，于是便拖着老迈之躯把他们召至跟前，缓慢而不失威严地说道："你们平日看起来确实品性优良，几乎看不到你们有任何缺陷。然而，今天你们所谓的'品性'不正好体现出来了？"

"把自己的缺点隐藏起来的人是危险的，"老禅师解释道，"所以我把衣钵传给了我所了解的人，而这人正是本圆，因为我可以看到他的缺点。"

心灵人生

人无完人，当你发现一个堪称完美的人时，如果这不是你眼光的问题，那就一定是他把缺点隐藏得极好。人之所以成为人，是因为有七情六欲，有着这样或那样的缺点。所以，缺点并非总是坏事，有时，它是一个人真实与虚伪这种品格的试金石。

24 别扔掉"本我"

人应该勇敢地看清并正视自己的本心，因为那是使自己成为"我"的最根本标志。

有只乌龟在沙滩上晒太阳，几只螃蟹爬了过来。

螃蟹看到乌龟背上的壳，纷纷嘲笑起来："这是个怪物！背着这么沉重的壳，壳上还有乱七八糟的花纹，真够难看的！"

乌龟听后很羞愧，红着脸解释道："我早就痛恨这身盔甲了，但我一生下来就带着它，我能怎么办？你们快走开！"乌龟说完把头缩进了壳里，以为眼不见耳不听就能落得个清净。

"哟，这怪物还有羞耻之心呐！"螃蟹们得寸进尺，"你以为把头缩进壳里就能改变你的丑陋命运吗？"

乌龟没再理会，螃蟹们自讨没趣就走开了。

螃蟹们走后，乌龟伸出头来，羞愧的泪水已忍不住哗哗落下。"我背上的壳就是个耻辱，我没办法再继续背着耻辱生活下去了！"乌龟怀着悲痛的心情来到了一块礁石上，忍着痛不停地把背壳往礁石上磨。也不知磨了多久，壳终于被磨掉了。

有一天，为了表扬乌龟能伸能缩的精神，海神召集了所有乌龟。

在众乌龟中，海神一眼看到了那只没有背壳的乌龟，大怒道："你是何方怪物，胆敢冒充乌龟？"

"尊敬的海神大人，我本来就是乌龟呀！"这只乌龟连忙辩解着。

"放肆，你还敢骗我！"海神怒气冲冲，"你没有壳也敢自称乌龟？来呀，把这怪物扔出大海！"

心灵人生 🔍

我们每个人都有着不同的相貌，这些不同的相貌明确地区分了你、我、他。因为相貌不同，便有了俗世眼光中的美丑之分。很多人觉得自己丑，便千方百计地美化自己，但却经常适得其反。其实，美与丑不在外表，当一个人为了取悦他人而让自己变得面目全非时，他便失去了最完美的本心。

25 做现在的自己

人要不停地否定自己才能进步，但如果把自己全盘否定了，那必然是自寻死路。

有个老石匠在采集石料时，意外地得到了一块愿望石。

愿望石开口对老石匠说道："你有什么愿望请说出来吧，我能帮你实现三个愿望。"

老石匠低头沉思："我一辈子都与石头为伍，辛辛苦苦操劳了大半辈子，生命很快就要走到尽头了，如果能让自己长生不老那多好啊！"于是老人对愿望石许愿道："让我变成山中的一棵青松吧，这样我就能万古长青了。"

愿望石满足了老石匠的愿望，把他变成了一棵青松。就在老石匠刚变成松树没多久，忽然刮来了一场龙卷风，把山上的大部分树木都折断了。

"幸好我足够挺拔，不然也被连根拔起了！"老石匠看着倒地的树木心有余悸，转而许了第二个愿望，"让我变成大山吧，只有大山的生命才是长久的！"

转眼间，愿望石把老石匠变成了一座大山。然而，就在老石匠想闭上眼睛安然睡上一觉时，忽然听到脚下传来一阵"叮叮当当"的响声，原来是一群石匠在采集石料。

"不能这样下去，我已经被凿出一个大缺口了！"老石匠惶恐不安，"我本来就是一个石匠，现在自己的命运却掌握在这群石匠手中，真是讽刺啊！"老石匠顿时后悔不迭，迫不及待地喊道："还是让我重新做石匠吧！"

心灵人生 🔍

很多人都不满意自己现在的生活，如果可以选择，都不愿意选择做现在的自己。当自己的日子过得腻烦了的时候，我们总会认为他人的生活更美好。其实，不同人的生活在本质上都是一样的，都充满了各种酸甜苦辣。让自己过得幸福的方法，不是盲目地否定自己、羡慕他人，而是接受自己、珍惜现在。